3D打印入门及案例详解

钟平福　编著

化学工业出版社
·北京·

图书在版编目（CIP）数据

3D打印入门及案例详解/钟平福编著. —北京：化学工业出版社，2019.4（2024.9重印）
ISBN 978-7-122-33742-9

Ⅰ.①3… Ⅱ.①钟… Ⅲ.①立体印刷-印刷术-案例
Ⅳ.①TS853

中国版本图书馆CIP数据核字（2019）第010098号

责任编辑：贾　娜　　　文字编辑：陈　喆
责任校对：宋　夏　　　装帧设计：王晓宇

出版发行：化学工业出版社（北京市东城区青年湖南街13号　邮政编码100011）
印　　装：北京盛通数码印刷有限公司
787mm×1092mm　1/16　印张9½　字数212千字　　2024年9月北京第1版第2次印刷

购书咨询：010-64518888　　　售后服务：010-64518899
网　　址：http://www.cip.com.cn
凡购买本书，如有缺损质量问题，本社销售中心负责调换。

定　　价：49.80元

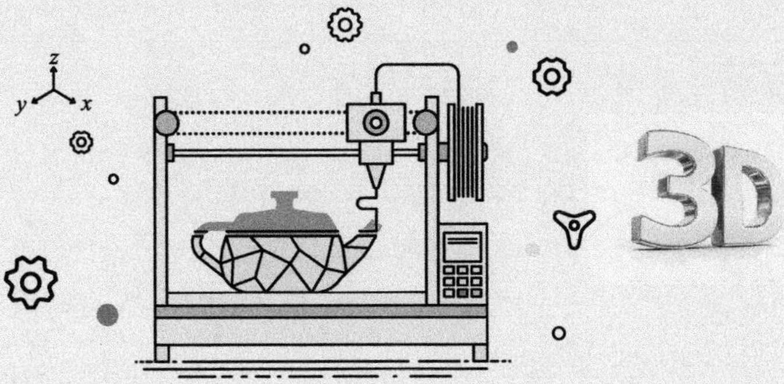

前言

FOREWORD

3D 打印技术又称为快速成型技术（rapid prototyping，RP)，也叫增材制造。3D 打印技术属于机械工程学科特种加工工艺范围，是一项多学科交叉、多技术集成的先进制造技术。随着国家对 3D 打印技术的重视，增材制造技术创新体系逐步建立，具有较强研发和应用能力的增材制造企业开始发展，并且全国形成了一批研发及产业化示范基地，我国的 3D 打印产业迎来了快速发展期。为了帮助立志从事 3D 打印相关工作的技术人员尽快了解该技术，我们编写了本书。

本书紧扣市场需要，遵循实用、够用的原则，减少理论性知识，更多地从实际操作出发，通过技术理论与实际操作相结合的方式，更好地帮助读者提升操作技能。全书共 6 章，第 1 章介绍 3D 打印技术工艺与软件，第 2 章介绍 3D 打印材料的分类与性能，第 3 章介绍 3D 设备的组装，第 4 章介绍丝状 3D 打印设备及应用，第 5 章介绍液态 3D 打印设备及应用，第 6 章介绍粉末 3D 打印设备及应用。

讲解实体建模时，采用了当前主流工程软件 UG NX8.5 软件；而在讲解打印数据切片处理过程时，则采用了 3DX pert、Client Manager、UP Studio 等切片软件，为读者提供更多的软件选择。在快速成型制作过程中，引入了北京太尔时代科技有限公司的 UP BOX＋及美国 3D Systems 有限公司的 ProJet® MJP 3600 设备及 ProX300 设备。UP BOX＋采用目前应用最广的 FDM 技术，ProJet® MJP 3600 采用目前较先进的多喷头喷射式技术，而 ProX300 金属成型是 3D Systems 公司目前最大、技术最新的设备。不管是桌面级打印机还是工业级打印机，本书都对其操作流程、后期处理做了详细介绍，方便读者全面、快捷地掌握 3D 打印技术，同时也为读者提供正确的产品制作过程和打印方式。

本书由钟平福编著。本书在编写过程中，得到了深圳第二高级技工学校领导的大力帮助和支持，同时也得到了马路科技顾问股份有限公司技术上的帮助和支持，在此一并表示衷心的感谢。

由于编著者水平所限，书中难免有不妥之处，恳请广大专家读者批评指正。

编著者

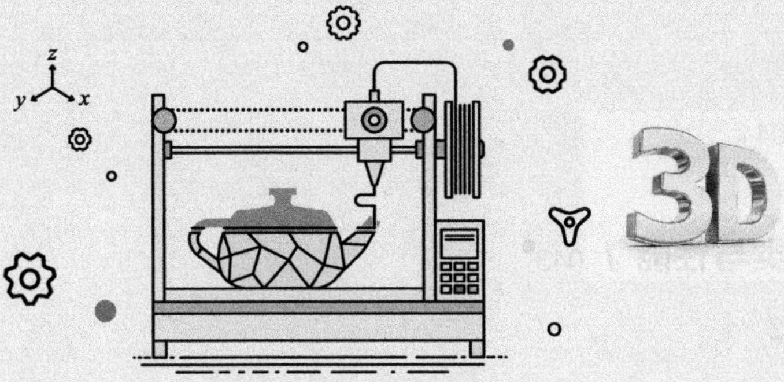

目录
CONTENTS

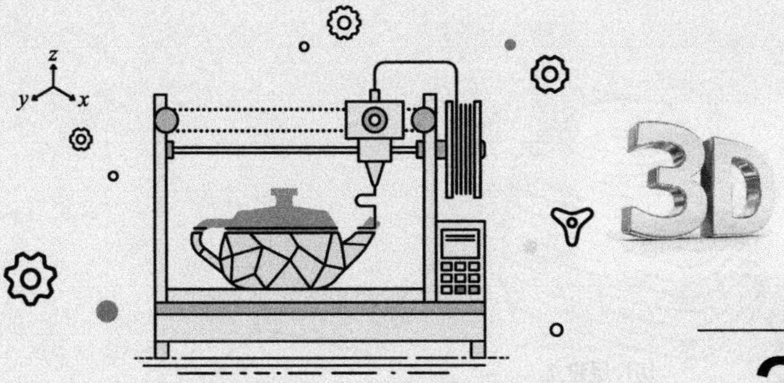

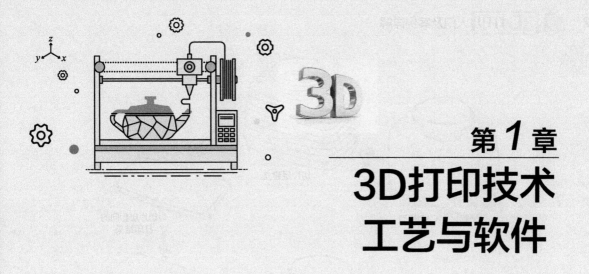

第1章 3D打印技术工艺与软件

1.1 概述

3D 打印技术又称快速成型（rapid prototyping，RP）技术。3D 打印技术属于机械工程学科特种加工工艺范围，是一项多学科交叉、多技术集成的先进制造技术。

学科交叉是指机械制造工程、材料科学与工程、生物医学工程等学科，技术集成包括计算机、CAD、激光、数控、材料等。快速成型技术是由 CAD 数字模型驱动的通过特定材料采用逐层累积方式制作三维物理模型的先进制造技术。

快速成型技术制作的原型（模型）可用于新产品的外观评估、装配检验及功能检验等，作为样件可直接替代机加工或者其他成型工艺制造的单件或小批量的产品，也可用于硅橡胶模具的母模和熔模铸造模具的消失型等，从而批量地翻制塑料及金属零件。

与传统的实现上述用途的方法相比，其显著优势是：制造周期大大缩短（由几周、几个月缩短为若干个小时），成本大大降低。尤其是衍生出来的后续的基于快速原型的快速模具制造技术进一步发挥了快速成型制造技术的优越性，可在短期内迅速推出满足用户需求的一定批量的产品，大幅度降低了新产品开发研制的成本和投资风险，缩短了新产品研制和投放市场的周期，在小批量、多品种、改型快的现代制造模式下具有强劲的发展势头。

3D 打印技术的制作过程是与传统的材料去除加工方法截然相反的，3D 打印是基于三维 CAD 模型数据、通过逐层增加材料的方式，直接制造与相应 3D 模型数据完全一致的物理实体的制造方法，如图 1-1 所示。

1.2 快速成型的分类

快速成型技术从广义上讲可以分成两类：材料累积和材料去除（DM）。但目前人们谈及的快速成型制造方法通常指的是累积式的成型方法，而累积式的快速原型制造方法通常是依据原型使用的材料及其构建技术进行分类的，如图 1-2 所示。

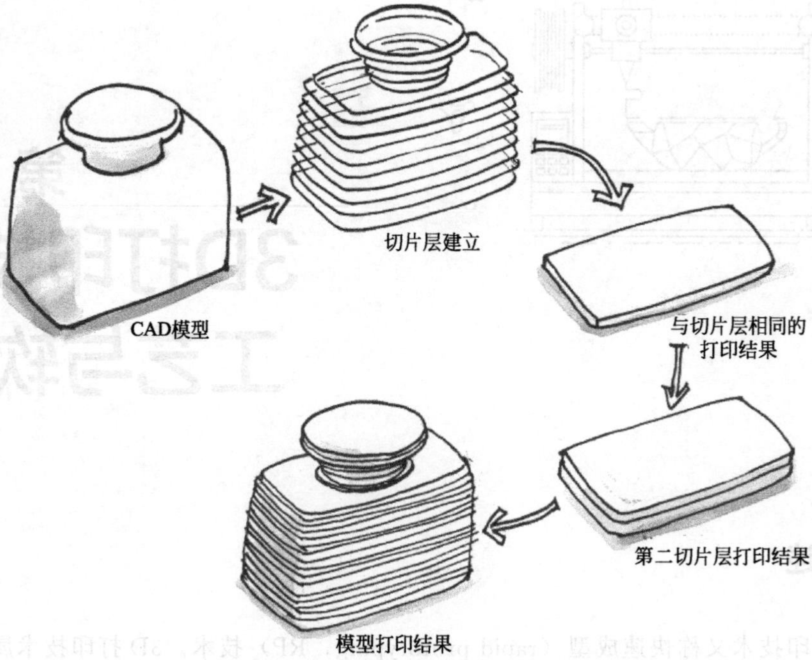

图 1-1　3D 打印过程

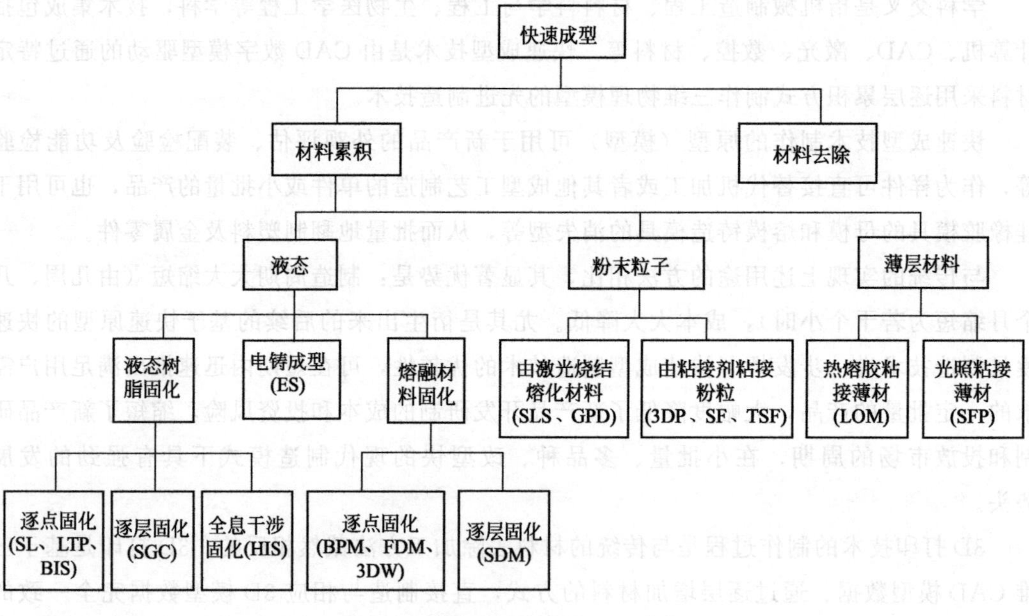

图 1-2　快速成型工艺方法的分类

目前应用比较广泛的方法有以下四种。

① 光固化成型法（stereo lithography apparatus，SLA）。该工艺由 Charles Hull 于 1984 年获得美国专利，是最早发展起来的快速成型技术。它是采用光敏树脂材料通过激光照射逐层固化而成型的。

② 叠层实体制造法（laminated object manufacturing，LOM）。叠层实体制造技术是比较成熟的快速成型制造技术之一。这种制造方法和设备自 1986 年问世以来，得到迅速

发展。它是采用纸材等薄层材料通过逐层粘接和激光切割而成型的。

③ 选择性激光烧结法（selective laser sintering，SLS）。SLS 工艺是利用粉末材料（金属粉末或非金属粉末）在激光照射下烧结的原理，在计算机控制下层层堆积成型。SLS 的原理与 SLA 十分相似，主要区别在于所使用的材料及其形状不同。SLA 所用的材料是液态的紫外光敏可凝固树脂，而 SLS 则使用粉状的材料。

④ 熔融沉积制造法（fused deposition manufacturing，FDM）。熔融沉积制造法是继光固化快速成型和叠层实体快速成型工艺后的另一种应用比较广泛的快速成型工艺方法。它是采用熔融材料加热熔化挤压喷射冷却而成型的。

1.3 光固化快速成型工艺

自从 1988 年 3D Systems 公司最早推出 SLA 商品化快速成型机 SLA-250 以来，光固化快速成型已成为目前世界上研究最深入、技术最成熟、应用最广泛的快速成型工艺方法。它以光敏树脂为原料，通过计算机控制紫外激光使其固化成型。这种方法能便捷、全自动地制造出表面质量和尺寸精度较高、几何形状复杂的工件。

1.3.1 光固化快速成型的基本原理和特点

（1）光固化快速成型的基本原理

光固化快速成型（SLA）工艺的成型过程如图 1-3 所示。液槽中盛满液态光敏树脂，紫外激光器发出的激光束在控制系统的控制下按零件的各分层截面信息在光敏树脂表面进行逐点扫描，使被扫描区域的树脂薄层发生光聚合反应而固化，形成零件的一个薄层。一层固化完毕后，工作台下移一个层厚的距离，以使在原先固化好的树脂表面再敷上一层新的液态树脂，刮板将黏度较大的树脂液面刮平，然后进行下一层的扫描加工，新固化的一层牢固地黏结在前一层上，如此重复直至整个零件制造完毕，得到一个三维实体物件。

（2）光固化快速成型的特点

光固化快速成型具有以下优缺点。

① 成型过程自动化程度高。SLA 系统非常稳定，加工开始后，成型过程可以完全自动化，直至原型制作完成。

② 尺寸精度高。SLA 原型的尺寸精度可以达到±0.1mm。

③ 优良的表面质量。虽然在每层固化时侧面及曲面可能出现台阶，但是上表面仍可得到玻璃状的效果。

④ 能直接制作模型。可以制作结构十分复杂的模型、尺寸比较精细的模型，可以直接制作面向熔模精密铸造的具有中空结构的消失型，制作的原型可以一定程度地替代塑料件。

⑤ 制件易裂和变形。成型过程中材料发生物理和化学变化，塑件较脆，易断裂性能尚不如常用的工业塑料。

⑥ 设备运转及维护成本较高。液态树脂材料和激光器的价格较高。

⑦ 使用的材料较少，有局限性。目前可用的材料主要为感光性的液态树脂材料。液

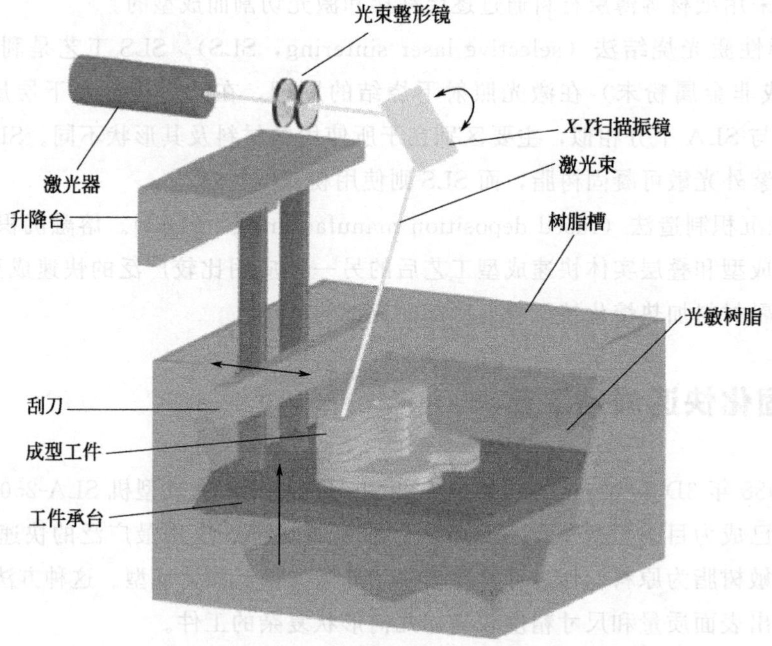

图 1-3　光固化快速成型工艺的成型过程

态树脂有气味和毒性，并且需要避光保护，以防止提前发生聚合反应，选择时有局限性。

⑧ 需要二次固化。经快速成型系统光固化后的原型树脂并未完全被激光固化，需要二次固化。

1.3.2　光固化快速成型的工艺过程

光固化快速原型的制作一般可以分为前处理、原型制作和后处理三个阶段。

(1) 前处理

前处理阶段主要是对原型的 CAD 模型进行数据转换、摆放方位确定、施加支撑和切片分层，实际上就是为原型的制作准备数据，如图 1-4 所示。

(2) 原型制作

光固化成型过程是在专用的光固化快速成型设备系统上进行的。在原型制作前，需要提前启动光固化快速成型设备系统，使树脂材料的温度达到预设的合理温度，激光器点燃后也需要一定的稳定时间。设备运转正常后，启动原型制作控制软件，读入前处理生成的层片数据文件。

在模型制作之前，要注意调整工作台网板的零位与树脂液面的位置关系，以确保支撑与工作台网板的稳固连接。当一切准备就绪后，就可以启动叠层制作了。整个叠层的光固化过程都是在软件系统的控制下自动完成的，所有叠层制作完毕后系统自动停止。

(3) 后处理

在快速成型系统中原型叠层制作完毕后，需要进行剥离等后续处理工作，以便去除废料和支撑结构等。对于光固化成型方法成型的原型，还需要进行固化后处理等，下面以某一 SLA 原型为例给出其后续处理的步骤和过程，如图 1-5 所示。

(a) CAD三维原始模型

(b) CAD模型的STL数据模型

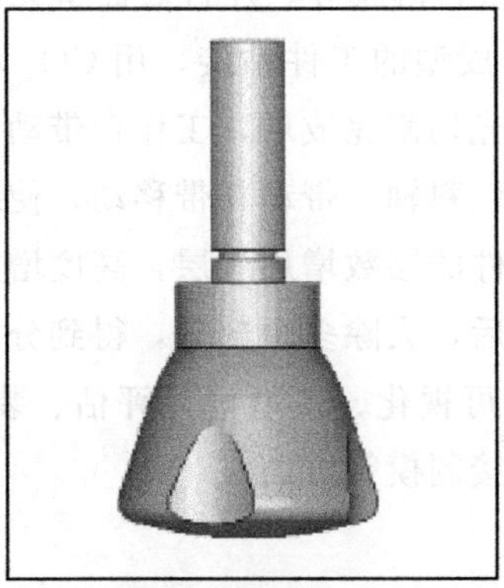

(c) 模型的摆放方位

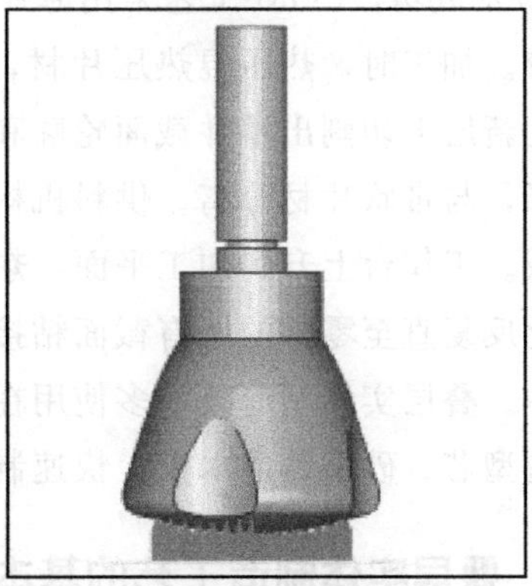

(d) 模型施加支撑

图 1-4 光固化快速原型前处理

(a)

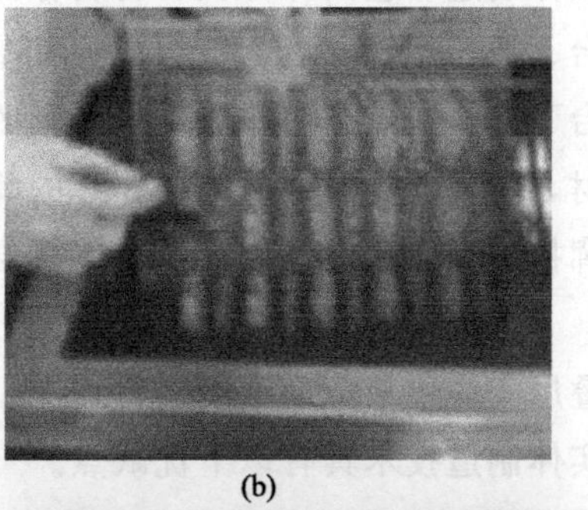

(b)

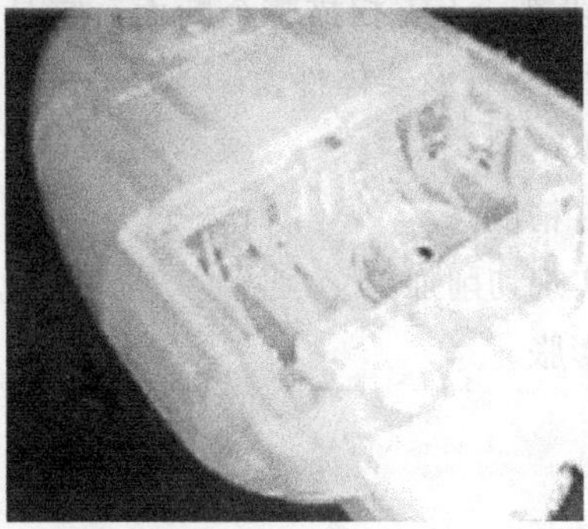

(c)

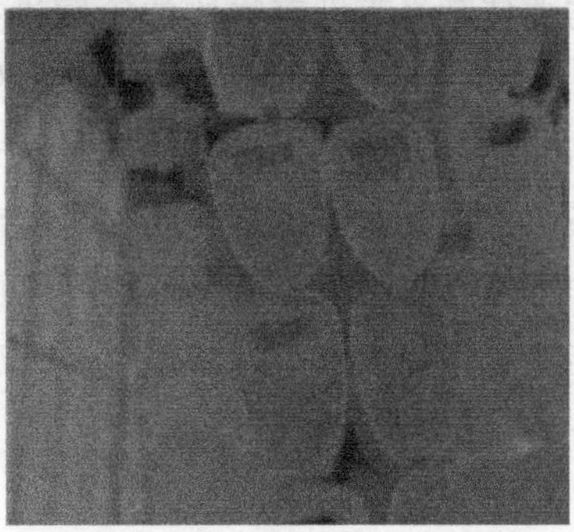

(d)

图 1-5 后处理流程

图 1-5(a) 原型叠层制作结束后，工作台升出液面，停留 5～10min，以晾干多余的树脂。图 1-5(b) 将原型和工作台一起斜放晾干后浸入丙酮、酒精等清洗液体中，搅动并刷掉残留的气泡，持续 45min 左右后放入水池中清洗工作台约 5min。图 1-5(c) 是指从外向内从工作台上取下原型，并去除支撑结构。图 1-5(d) 是对成型后的产品清洗后置于紫外烘箱中进行整体固化。

1.4 叠层实体快速成型工艺

叠层实体制造技术（laminated object manufacturing，LOM）由美国 Helisys 公司于 1986 年研发成功，LOM 工艺采用薄片材料，如纸、塑料薄膜等。片材表面事先涂覆上一层热熔胶。加工时，热压辊热压片材，使之与下面已成型的工件粘接，用 CO_2 激光束在刚粘接的新层上切割出零件截面轮廓和工件外框。激光切割完成后，工作台带动已成型的工件下降，与带状片材分离。供料机构转动收料轴和供料轴，带动料带移动，使新层移到加工区域。工作台上升到加工平面，热压辊热压，工件的层数增加一层，高度增加一个料厚。如此反复直至零件的所有截面粘接、切割完。最后，去除多余部分，得到分层制造的实体零件。叠层实体制造技术多使用在产品概念设计可视化、造型设计评估、装配检验、熔模铸造型芯、砂型铸造木模、快速制模母模以及直接制模等方面。

1.4.1 叠层实体制造工艺的基本原理和特点

(1) 叠层实体制造工艺的基本原理

叠层实体制造工艺由计算机、材料存储及送进机构、热粘压机构、激光切割系统、可升降工作台、数控系统和机架等组成。其基本原理如图 1-6 所示，首先在工作台上制作基底，工作台下降，送纸滚筒送进一个步距的纸材，工作台回升，热压滚筒滚压背面涂有热熔胶的纸材，将当前叠层与原来制作好的叠层或基底粘贴在一起，切片软件根据模型当前层面的轮廓控制激光器进行层面切割，逐层制作，当全部叠层制作完毕后，再将多余废料去除。

(2) 叠层实体快速成型技术的特点

叠层实体制造技术具有以下优缺点。

① 只需要使激光束沿着物体的轮廓进行切割，无需扫描整个断面。它是一个高速的快速原型工艺，常用于加工内部结构简单的大型零件及实体件。

② 无需后固化处理，无需设计和制作支撑结构。

③ 设备可靠性好，寿命长，废料易剥离，精度高。

④ 操作方便，热物性与力学性能好，可实现切削加工。

⑤ 不能直接制作塑料工件，工件易吸湿膨胀。

⑥ 工件的抗拉强度和弹性不够好。

⑦ 工件表面有台阶纹，需打磨。

叠层实体制造方法与其他快速原型制造技术相比，具有制作效率高、速度快、成本低等优点，在我国具有广阔的应用前景。

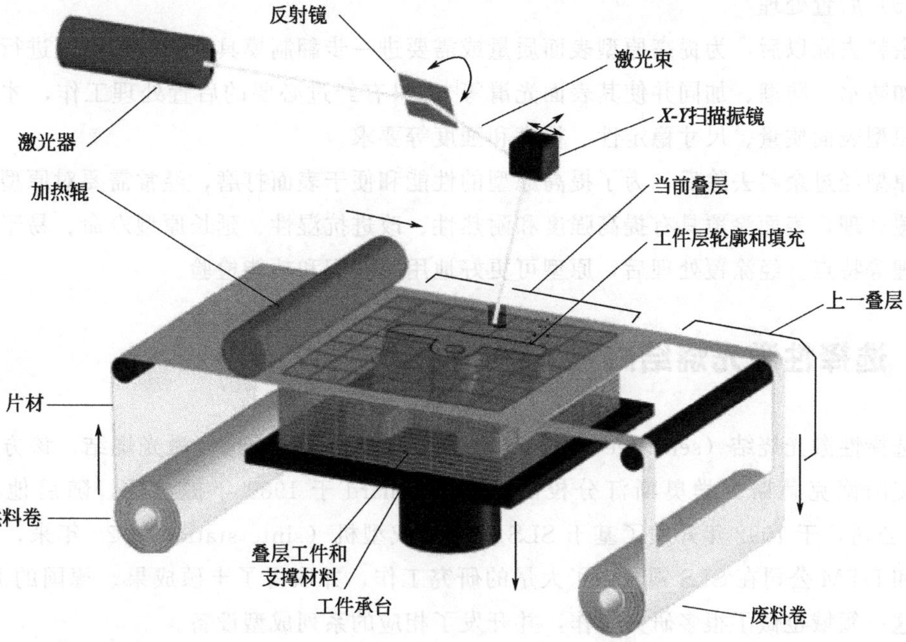

图 1-6 叠层实体制造技术的原理简图

1.4.2 叠层实体制造工艺的过程

叠层实体制造工艺的全过程可以归纳为前处理、分层叠加成型、后处理 3 个主要步骤。具体地说，叠层实体制造工艺过程大致如下。

(1) 图形处理阶段

制造一个产品，首先可通过三维造型软件（如 NX、SolidWorks、Pro/E、Catia、中望 3D 等）进行产品的三维模型构造，然后将得到的三维模型进行图形的转档，转换成 STL 格式的文档，接着将 STL 格式的模型导入到专用的切片软件（如华中科大的 HRP 软件、中国科学院广州电子技术研究所的 3D Maker、Ultimaker 公司 Cura 软件等）中进行切片。

(2) 基底制作

由于工作台的频繁起降，所以必须将 LOM 原型的叠件与工作台牢固连接，这就需要制作基底，通常设置 3～5 层的叠层作为基底。为了使基底更牢固，可以在制作基底前给工作台预热。

(3) 原型制作

制作完基底后，快速成型机就可以根据事先设定好的加工工艺参数自动完成原型的加工制作，而工艺参数的选择与原型制作的精度、速度以及质量有关，其中重要的参数有激光切割速度、加热辊温度、激光能量、破碎网格尺寸等。

(4) 余料去除

余料去除是一个极其烦琐的辅助过程。它需要工作人员仔细、耐心，并且最重要的是要熟悉制件的原型，这样在剥离过程中才不会损坏原型。

(5) 后置处理

余料去除以后，为提高原型表面质量或需要进一步翻制模具，则需对原型进行后置处理（如防水、防潮、加同并使其表面光滑等），只有经过必要的后置处理工作，才能满足快速原型表面质量、尺寸稳定性、精度和强度等要求。

原型经过余料去除后，为了提高原型的性能和便于表面打磨，经常需要对原型进行表面涂覆处理，表面涂覆具有提高强度和耐热性、改进抗湿性、延长原型寿命、易于表面打磨处理等特点。经涂覆处理后，原型可更好地用于装配和功能检验。

1.5 选择性激光烧结成型工艺

选择性激光烧结（selective laser sintering，SLS）又称为选区激光烧结，该方法最初是由美国德克萨斯大学奥斯汀分校的 C. R. Dechard 于 1989 年提出的，随后他组建了 DTM 公司，于 1992 年开发了基于 SLS 的商业成型机（sinterstation）。20 年来，奥斯汀分校和 DTM 公司在 SLS 领域做了大量的研究工作，并取得了丰硕成果。德国的 EOS 公司在这一领域也做了很多研究工作，并开发了相应的系列成型设备。

1.5.1 选择性激光烧结工艺的基本原理和特点

(1) 选择性激光烧结工艺的基本原理

选择性激光烧结工艺的基本原理如图 1-7 所示。其加工过程是采用铺粉辊将一层粉末材料平铺在已成型零件的上表面，并加热至恰好低于该粉末烧结点的某一温度，控制系统控制激光束按照该层的截面轮廓在粉层上扫描，使粉末的温度升至熔化点进行烧结，并与下面已成型的部分实现粘接。当一层截面烧结完后，工作台下降一个层的厚度，铺料辊又在上面铺上一层均匀密实的粉末，进行新一层截面的烧结，如此反复直至完成整个模型。在成型过程中，未经烧结的粉末对模型的空腔和悬臂部分起着支撑作用，不必像 SLA 和 FDM 工艺需要生成支撑工艺结构。

(2) 选择性激光烧结工艺的特点

选择性激光烧结工艺具有以下优缺点。

① 制造工艺比较简单，可直接制作金属制品。

② 可采用多种材料，材料利用率高。

③ 无需支撑材料。

④ 烧结过程中挥发异味，原型表面粗糙。

⑤ 有时需要比较复杂的辅助工艺。

1.5.2 选择性激光烧结工艺的过程

选择性激光烧结工艺使用的材料一般有石蜡、高分子、金属、陶瓷粉末和它们的复合粉末材料。材料不同，其具体的烧结工艺也有所不同，具体工艺流程如图 1-8 所示。

(1) 图形处理与分层切片处理

CAD 模型的建立：通过三维 CAD 设计软件（如 NX、SolidWorks、Pro/E、Catia、

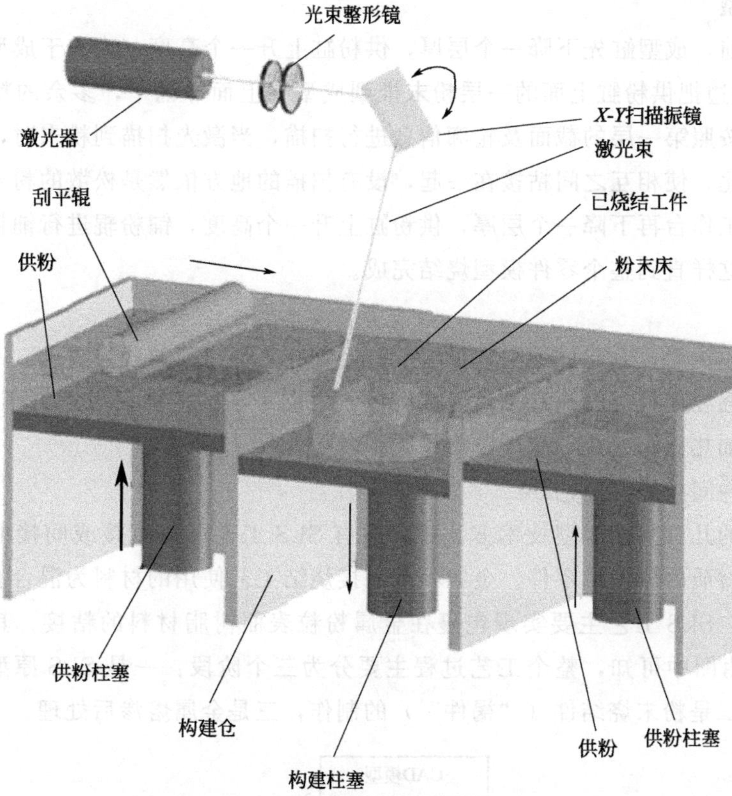

图 1-7 选择性激光烧结工艺的基本原理

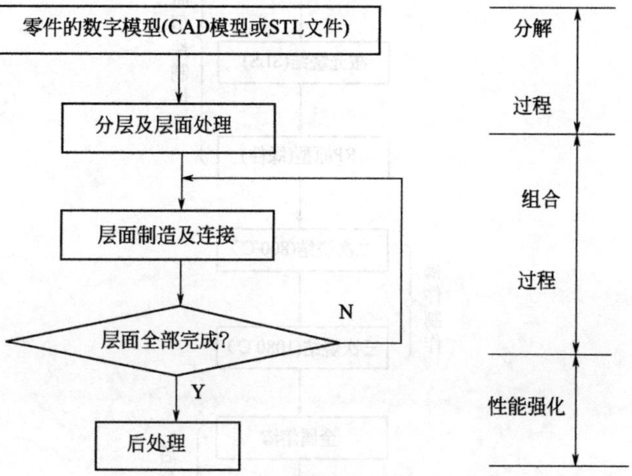

图 1-8 选择性激光烧结工艺流程

中望 3D 等）进行产品的三维模型构造，然后将得到的三维模型进行图形的转档，转换成 STL 格式的文档，接着将 STL 格式的模型导入到专用的切片软件（如华中科大的 HRP 软件、中国科学院广州电子技术研究所的 3D Maker、Ultimaker 公司 Cura 软件等）中进行切片。一般的分层是按 Z 方向进行分层处理的，形成一层层的截面和轮廓信息，最后把这些信息转化成激光的扫描轨迹。

(2) 烧结成型

在开始扫描前，成型缸先下降一个层厚，供粉缸上升一个高度（略大于成型缸下降距离），铺粉辊从左边把供粉缸上面的一层粉末推到成型缸上面并铺平，多余的粉末落入粉末回收槽。激光按照第一层的截面及轮廓信息进行扫描，当激光扫描到粉末时，粉末在高温状态下瞬间熔化，使相互之间粘接在一起，没有扫描的地方依然是松散的粉末。当完成第一层烧结后，工作台再下降一个层厚，供粉缸上升一个高度，铺粉辊进行铺粉，激光进行第二层扫描，这样直到整个零件模型烧结完成。

(3) 后处理

当零件烧结完成后，升起成型缸取出零件，用气枪清理表面的残余粉末。一般通过激光烧结后的零件强度比较低，而且是疏松多孔的，根据不同的需要可以进行不同后处理，常用的后处理有加热固化、热等静压、渗蜡等。

(4) 金属零件间接烧结工艺

在广泛应用的几种快速成型技术方法中，只有SLS工艺可以直接或间接地烧结金属粉末来制作金属材质的原型或零件。金属零件间接烧结工艺使用的材料为混合有树脂材料的金属粉末材料，SLS工艺主要实现包裹在金属粉粒表面树脂材料的粘接。其工艺过程如图1-9所示。由图中可知，整个工艺过程主要分为三个阶段：一是SLS原型件（“绿件”）的制作，二是粉末烧结件（“褐件”）的制作，三是金属熔渗后处理。

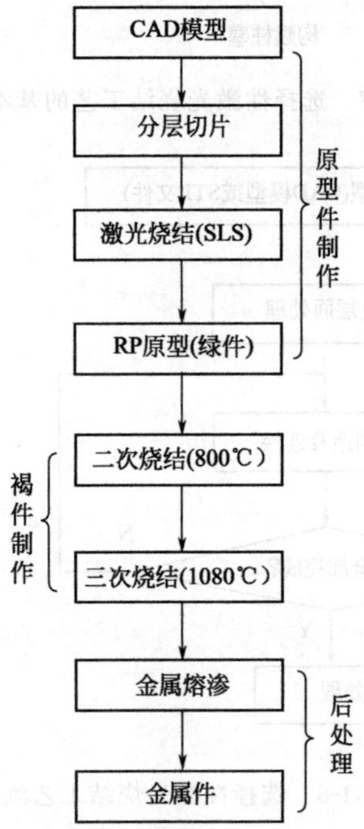

图1-9 SLS工艺金属零件间接制造工艺流程

(5) 金属零件间接烧结工艺过程中的关键技术

① 原型件制作关键技术

选用合理的粉末配比：环氧树脂与金属粉末的比例一般控制在1：5～1：3之间。

加工工艺参数匹配：粉末材料的物性、扫描间隔、扫描层厚、激光功率以及扫描速度等。

② 褐件制作关键技术

烧结温度和时间：烧结温度应控制在合理范围内，而且烧结时间应合适。

③ 金属熔渗阶段关键技术

选用合适的熔渗材料及工艺：渗入金属必须比“褐件”中金属的熔点低。

例如采用金属铁粉末、环氧树脂粉末、固化剂粉末混合，其体积比为67%、16%、17%；在激光功率40W下，取扫描速度170mm/s，扫描间隔在0.2mm左右，扫描层厚为0.25mm时烧结。后处理二次烧结时，控制温度在800℃，保温1h；三次烧结时温度为1080℃，保温40min；熔渗铜时温度为1120℃，熔渗时间为40min。所成型的金属齿轮零件如图1-10所示。

图1-10 间接烧结成型金属齿轮零件

(6) 金属零件直接烧结工艺

金属零件直接烧结工艺采用的材料是纯金属粉末，是采用SLS工艺中的激光能源对金属粉末直接烧结使其熔化，实现叠层的堆积。其工艺流程如图1-11所示。

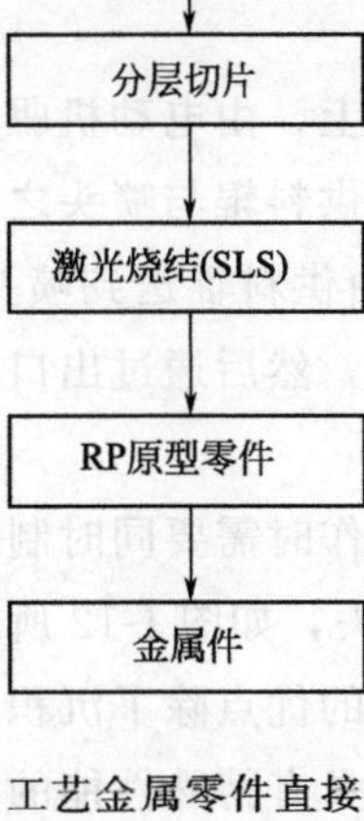

图1-11 SLS工艺金属零件直接烧结工艺流程

金属零件直接烧结成型过程较间接金属零件制作过程明显缩短，无需间接烧结时复杂的后处理阶段。但必须有较大功率的激光器，以保证直接烧结过程中金属粉末的直接熔化。因而，直接烧结中激光参数的选择、被烧结金属粉末材料的熔凝过程及控制是烧结成型中的关键。

(7) 陶瓷粉末烧结工艺

陶瓷粉末材料的选择性激光烧结工艺需要在粉末中加入黏结剂。目前所用的纯陶瓷粉末原料主要有 Al_2O_3 和 SiC，而黏结剂有无机黏结剂、有机黏结剂和金属黏结剂三种。当材料是陶瓷粉末时，可以直接烧结铸造用的壳型来生产各类铸件，甚至是复杂的金属零件。

陶瓷粉末烧结制件的精度由激光烧结时的精度和后续处理时的精度决定。在激光烧结过程中，粉末烧结收缩率、烧结时间、光强、扫描点间距和扫描线行间距对陶瓷制件坯体的精度有很大影响。另外，光斑的大小和粉末粒径直接影响陶瓷制件的精度和表面粗糙度，后续处理（焙烧）时产生的收缩和变形也会影响陶瓷制件的精度。

1.6 熔融沉积快速成型工艺

熔融沉积成型（fused deposition modeling，FDM）又称熔丝堆积成型，是继光固化成型（SLA）和叠层实体制造（LOM）工艺后的另一种应用比较广泛的 3D 打印工艺方法。1988 年，Scott Crump 提出 FDM 方法并成立 Stratasys 公司。1992 年，Stratasys 公司获得 FDM 专利授权，并开发推出第一台商业机型 3D-Modeler。其特点是能利用蜡、ABS、PC、尼龙等热塑性材料打印。

1.6.1 熔融沉积快速成型工艺的基本原理和特点

(1) 熔融沉积快速成型工艺的基本原理

将丝状的热熔性材料送进液化器加热熔化后，通过一个带有微细喷嘴的喷头挤喷出来，如果热熔性材料的温度始终稍高于固化温度，而成型部分的温度稍低于固化温度，就能保证热熔性材料挤喷出喷嘴后，随即与前一层面熔结在一起。一个层面沉积完成后，工作台按预定的增量下降一个层的厚度，再继续熔喷沉积，直至完成整个实体造型，如图 1-12所示。

将实芯丝材原材料缠绕在供料辊上，由电动机驱动供料辊旋转，供料辊和丝材之间的摩擦力使丝材向喷头的出口送进。在供料辊与喷头之间有一导向套（导向套采用低摩擦材料制成），以便丝材能顺利、准确地由供料辊送到喷头的内腔。喷头的前端有电阻丝式加热器，在其作用下，丝材被加热熔融，然后通过出口涂覆至工作台上，并在冷却后形成制件当前截面轮廓。

熔融沉积快速成型工艺在原型制作时需要同时制作支撑，为了节省材料成本和提高沉积效率，新型 FDM 设备采用了双喷头，如图 1-12 所示。一个喷头用于沉积模型材料，另一个喷头用于沉积支撑材料。双喷头的优点除了沉积过程中具有较高的沉积效率和降低模型制作成本以外，还可以灵活地选择具有特殊性能的支撑材料，以便于后处理过程中支撑

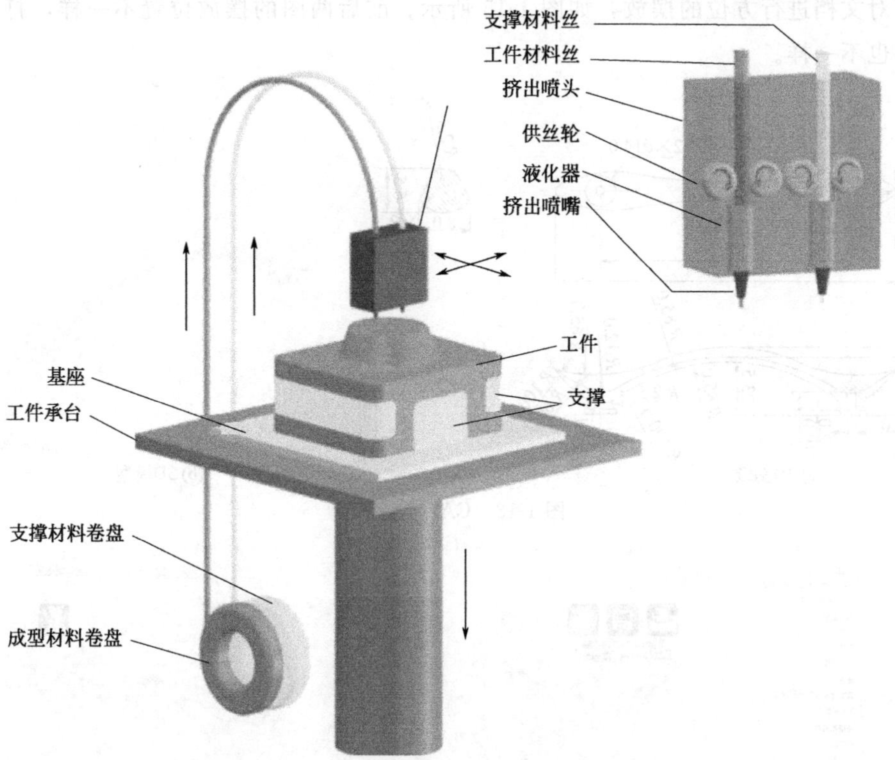

图 1-12 熔融沉积快速成型工艺的基本原理

材料的去除，如水溶材料、低于模型材料熔点的热熔材料等。

（2）熔融沉积快速成型工艺的特点

熔融沉积快速成型工艺系统构造和原理简单，运行维护费用低（无激光器），原材料无毒，适合在办公环境安装使用；用蜡成型的零件原型，可以直接用于失蜡铸造，可以成型任意复杂程度的零件；无化学变化，制件的翘曲变形小、原材料利用率高，且材料寿命长；支撑去除简单，无需化学清洗，分离容易，可直接制作彩色原型。

但熔融沉积快速成型的原材料价格昂贵，且原型件表面有较明显条纹，沿成型轴垂直方向的强度比较弱，需要设计与制作支撑结构；同时需要对整个截面进行扫描涂覆，成型时间较长。

1.6.2 熔融沉积快速成型工艺的过程

熔融沉积快速成型工艺流程和其他几种快速成型工艺过程类似，熔融沉积快速成型的工艺过程也可以分为前处理、成型过程及后处理三个阶段。

（1）前处理

① CAD 数据模型创建与转档。CAD 数字模型图纸如图 1-13(a) 所示，我们通过三维软件进行模型创建（本书利用 UGNX 软件建模），结果如图 1-13(b) 所示。接着利用软件的转档功能进行图形格式的转档，最终将模型保存成 STL 格式的文档。

② 确定摆放位置。打开切片处理软件（本节采用 Cura 软件），将 STL 格式的文档导入 Cura 软件，结果如图 1-14 所示。为了保证打印效率与减少支撑，更好地布局以便成

型，可对文档进行方位的摆放，如图 1-15 所示。前后两图的摆放位置不一样，打印需要的时间也不一样。

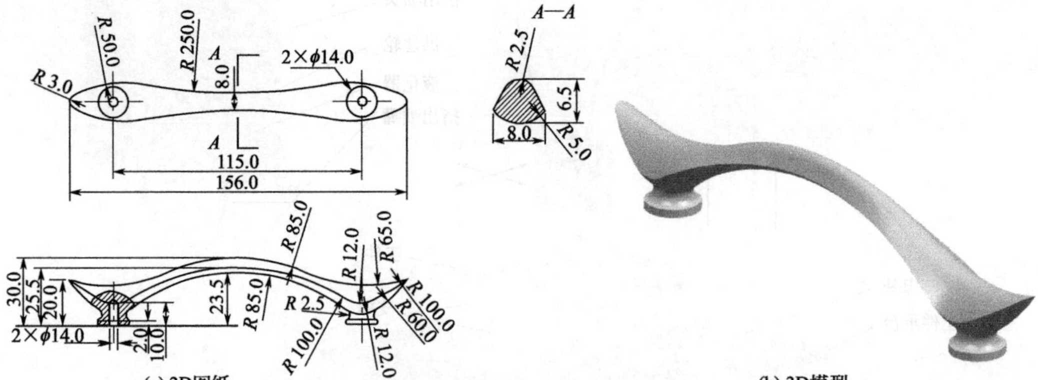

(a) 2D图纸　　(b) 3D模型

图 1-13　CAD 数字模型

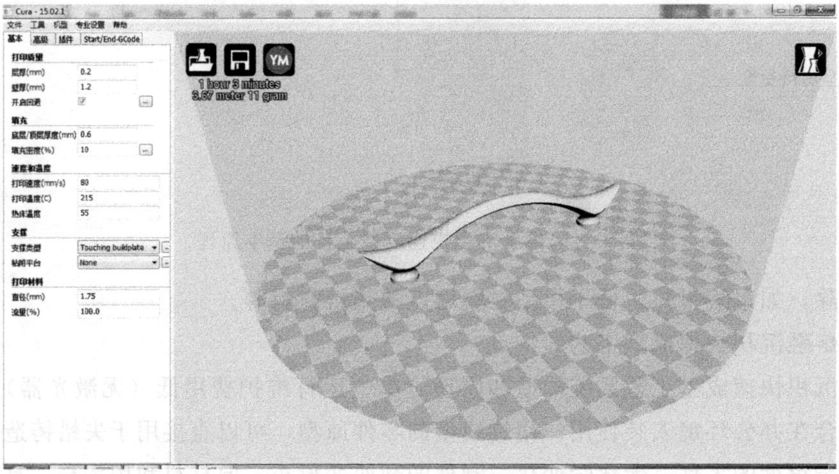

图 1-14　导入模型结果

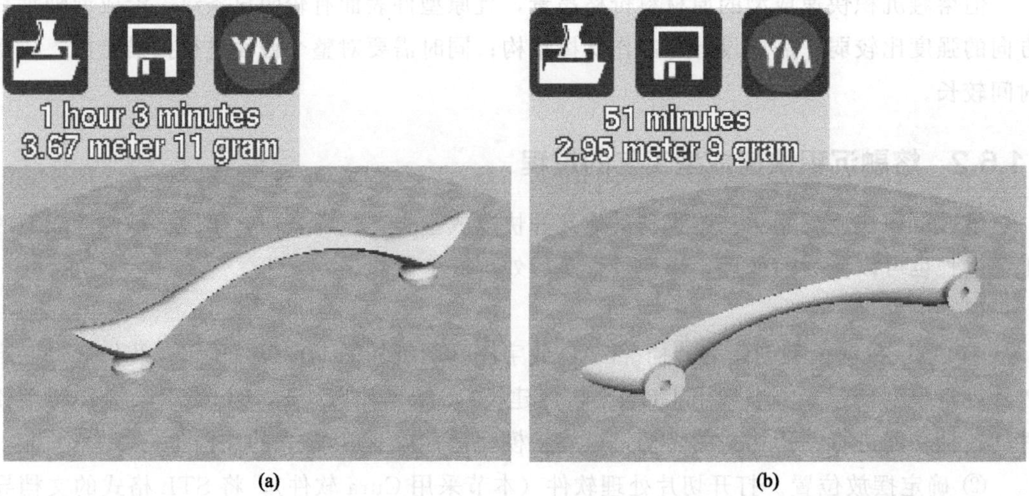

(a)　　(b)

图 1-15　确定摆放位置

摆放方位的确定除了考虑打印时间，还要根据表面的质量、精度以及零件强度等来综合考虑。如果摆放方位如图 1-15(a) 所示，则底部的圆形成型时要比图 1-15(b) 圆形成型好，因为零件是一层一层进行切片成型的，切片层厚比较大会形成台阶（图 1-16）。因此，零件的摆放要综合考虑各种因素。

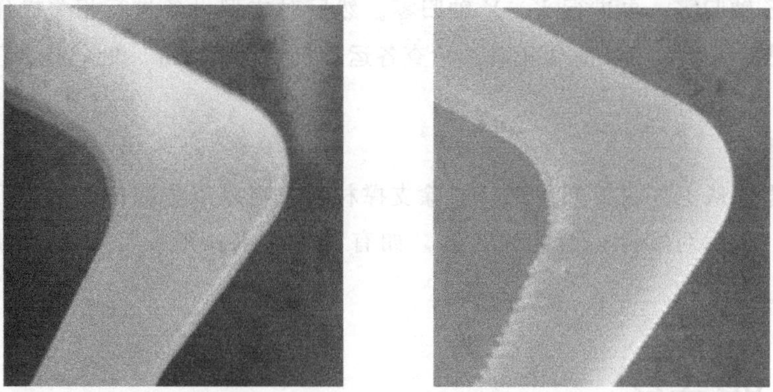

(a) 圆弧面在水平方向　　(b) 圆弧面在垂直方向

图 1-16　圆弧面的摆放影响

③ 参数设置。根据成型零件的要求，确定打印参数。在 Cura 软件中，只需要设置基本参数，如打印质量参数、填充参数、速度和温度参数、支撑参数及打印材料参数等，如图 1-17 所示。

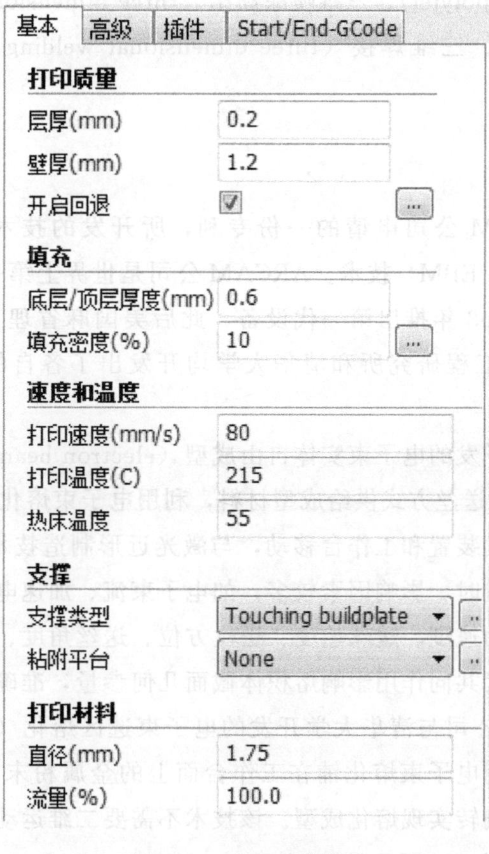

图 1-17　基本参数设置

④ 保存切片文件。利用 Cura 软件保存切片文件，存储格式为 .gcode，然后发送到打印设备。

（2）成型过程

打开快速成型机，清理打印工作台面的障碍物或拆卸台面上的零件，接着进行机器归零，先进行 Z 轴归零，再进行 X、Y 轴归零。然后对成型设备进行相关操作，如底板是否需要涂不粘胶、相关参数是否正确、检查各运动机构是否可靠、吐丝是否正常，最后打印成型零件。

（3）后处理

将成型零件从工作台拆卸下来，去除支撑材料。对难以去除的支撑，可用钳子或刮刀进行去除。最后对零件进行抛光打磨。如有特殊要求，则按特殊要求的条件进行后处理。

1.7 其他 3D 工艺

快速成型技术作为基于离散/堆积原理的一种崭新加工方式，自出现以来便得到了广泛的关注，对其成型工艺方法的研究一直十分活跃。除了前面介绍的 4 种快速成型方法比较成熟之外，其他的许多技术也已经实用化，如电子束熔化（electron beam melting，EBM）、喷射固化成型（polyjet）、三维喷涂黏结（three dimensional printing and gluing，3DPG，常被称为 3DP）、三维焊接（three dimensional welding，TDW）、直接烧结技术等。

1.7.1 电子束熔化

1994 年瑞典 ARCAM 公司申请的一份专利，所开发的技术称为电子束熔化成型（electron beam melting，EBM）技术。ARCAM 公司是世界上第一家将电子束快速制造商业化的公司，并于 2003 年推出第一代设备，此后美国麻省理工学院、美国航空航天局、我国北京航空制造工程研究所和清华大学均开发出了各自的基于电子束的快速制造系统。

美国麻省理工学院开发的电子束实体自由成型（electron beam solid freeform fabrication，EBSFF）技术采用送丝方式供给成型材料，利用电子束熔化金属丝材，电子束固定不动，金属丝材通过送丝装置和工作台移动，与激光近形制造技术类似，如图 1-18所示。电子束熔丝沉积快速制造时，影响因素较多，如电子束流、加速电压、聚焦电流、偏摆扫描、工作距离、工件运动速度、送丝速度、送丝方位、送丝角度、丝端距工件的高度、丝材伸出长度等。这些因素共同作用影响熔积体截面几何参量，准确区分单一因素的作用十分困难。瑞典 ARCAM 公司与清华大学开发的电子束选区熔化（electron beam selective melting，EBSM）是利用电子束熔化铺在工作台面上的金属粉末，与激光选区熔化技术类似，利用电子束实时偏转实现熔化成型。该技术不需要二维运动部件，可以实现金属粉末的快速扫描成型，如图 1-18所示。

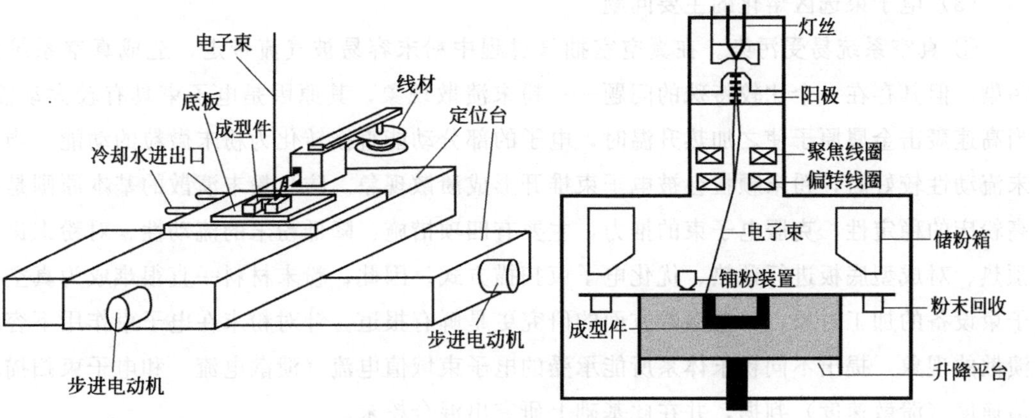

图 1-18 电子束选区熔化装置

（1）电子束选区熔化的原理

类似激光选区烧结和激光选区熔化工艺，电子束选区熔化（EBSM）技术是一种采用高能高速的电子束选择性地轰击金属粉末，从而使得粉末材料熔化成型的快速制造技术。EBSM 技术的工艺过程为：首先在铺粉平面上铺展一层粉末；然后电子束在计算机的控制下按照截面轮廓的信息进行有选择的熔化，金属粉末在电子束的轰击下被熔化在一起，并与下面已成型的部分粘接，层层堆积，直至整个零件全部熔化完成；最后去除多余的粉末便得到所需的三维产品。上位机的实时扫描信号经数/模转换及功率放大后传递给偏转线圈，电子束在对应的偏转电压产生的磁场作用下偏转，达到选择性熔化。经过研究发现，对于一些工艺参数，如电子束电流、聚焦电流、作用时间、粉末厚度、加速电压、扫描方式，进行正交实验，作用时间对成型影响最大。

（2）电子束选区熔化的优势

电子束直接金属成型技术采用高能电子束作为加工热源，扫描成型可通过操纵磁偏转线圈进行，没有机械惯性，且电子束具有的真空环境还可避免金属粉末在液相烧结或熔化过程中被氧化。

电子束与激光相比，具有能量利用率高、作用深度大、材料吸收率高、稳定及运行维护成本低等优点。EBSM 技术优点是成型过程效率高，零件变形小，成型过程不需要金属支撑，微观组织更致密等。

电子束的偏转、聚焦控制更加快速、灵敏。激光的偏转需要使用振镜，在激光进行高速扫描时振镜的转速很高。在激光功率较大时，振镜需要更复杂的冷却系统，而振镜的重量也显著增加。因而在使用较大功率扫描时，激光的扫描速度将受到限制。在扫描较大成型范围时，激光的焦距也很难快速地改变。电子束的偏转和聚焦利用磁场完成，可以通过改变电信号的强度和方向快速灵敏地控制电子束的偏转量和聚焦长度。

电子束偏转、聚焦系统不会被金属蒸镀干扰。用激光和电子束熔化金属时，金属蒸气会弥散在整个成型空间，并在接触的任何物体表面镀上金属薄膜。电子束偏转、聚焦都是在磁场中完成的，因而不会受到金属蒸镀的影响；激光器振镜等光学器件则容易受到蒸镀污染。

（3）电子束选区熔化的主要问题

① 真空系统易受污染。在真空室抽气过程中粉末容易被气流带走，造成真空系统的污染。但其存在一个比较特殊的问题——粉末溃散现象，其原因是电子束具有较大动能，当高速轰击金属原子使之加热升温时，电子的部分动能直接转化为粉末微粒的动能。当粉末流动性较好时，粉末颗粒会被电子束推开形成溃散现象。防止粉末溃散的基本原则是提高粉床的稳定性，克服电子束的推力，主要有四项措施：降低粉末的流动性、对粉末进行预热、对成型底板进行预热、优化电子束扫描方式。因此，粉末材料一直很难成为真空电子束设备的加工对象，工艺参数方面的研究更是鲜有报道。针对粉末在电子束作用下容易溃散的现象，提出不同粉末体系所能承受的电子束域值电流（溃散电流）和电子束扫描域值速度（溃散速度）判据，并在此基础上研究出混合粉末。

② 结构复杂，生产率较低。EBSM 技术成型室中必须为高真空，才能保证设备正常工作，这使 EBSM 技术整机复杂度提高。还因在真空度下粉末容易扬起而造成系统污染。此外，EBSM 技术需要将系统预热到 800℃以上，使粉末在成型室内预先烧结固化在一起，高预热温度对系统的整体结构提出非常高的要求，加工结束后零件需要在真空成型室中冷却相当长一段时间，降低了零件的生产效率。

③ 对精密微细件制造有难度。电子束无法比较难像激光束一样聚焦出细微的光斑，成型件难以达到较高的尺寸精度。对于精密或有细微结构的功能件，EBSM 技术是难以直接制造出来的。

④ 电子束偏转误差。EBSM 系统采用磁偏转线圈产生磁场，使电子偏转。由于偏转的非线性以及磁场的非均匀性，电子束在大范围扫描时会出现枕形失真。

⑤ 大偏角时的散焦。EBSM 系统采用聚焦线圈使电子束聚焦。若聚焦线圈中的电流恒定，电子束的聚焦面为球面，而电子束在平面上扫描。因此，电子束在不偏转时聚焦，而在大角度偏转时出现散焦。

1.7.2 喷射固化成型

喷射固化成型技术作为光固化成型技术的一种延伸，由 Object Geomatries 公司于 2007 年发布（目前被 Stratasys 公司收购）。Stratasys 最新推出基于 PolyJet 技术的 Object500 Connex3 增材制造设备支持同一部件多种材料、多种颜色打印。

（1）喷射固化成型工艺的原理

喷射固化成型工艺如图 1-19 所示。使用陈列式喷头，在计算机控制下，喷嘴工作腔内的液态光敏树脂瞬间形成液滴，在压力作用下液滴喷射到基底的指定位置，并立即使用紫外线将其固化，薄层聚集在托盘上，形成精确的 3D 模型或零件。

喷射固化成型的层分辨率可达 16μm，精度可达 0.1mm。在悬垂部分或形状复杂部位有支撑需要去除时，我们可用手或水轻松快速地去除凝胶状支撑。

（2）喷射固化成型工艺的特点

喷射固化成型技术具有打印彩色多材料的特点，使透明和着色的半透明材料、刚性材料、橡胶类韧性材料以及专业光聚合物材料均可实现打印，在牙科、医疗以及消费产品行

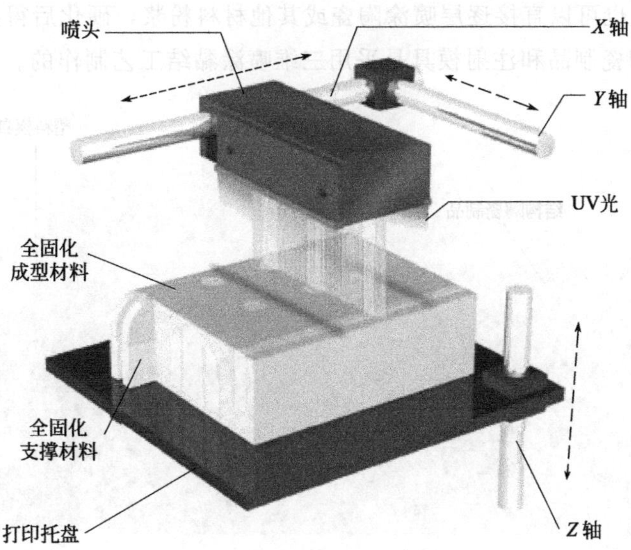

图 1-19 喷射固化成型工艺

业有着广泛的应用。

1.7.3 三维喷涂黏结

(1) 三维喷涂黏结工艺的原理

三维喷涂黏结快速成型工艺是由美国麻省理工学院开发成功的，其工作过程类似于喷墨打印机，工艺原理如图 1-20 所示。首先铺粉或铺基底薄层（如纸张），利用喷嘴按指定路径将液态黏结剂喷在预先铺好的粉层或薄层上特定区域，逐层黏结后去除多余底料便得

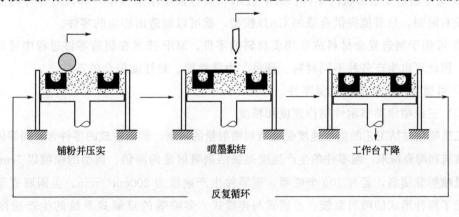

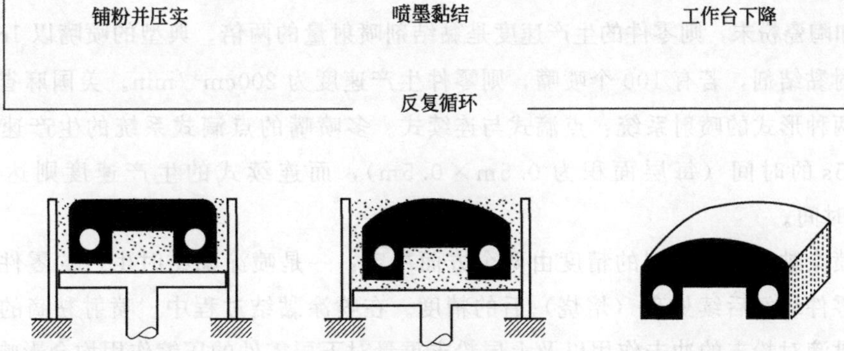

图 1-20 三维喷涂黏结工艺原理

到所需形状制件；也可以直接逐层喷涂陶瓷或其他材料粉浆，硬化后得到所需形状的制件（图 1-21），结构陶瓷制品和注射模具是采用三维喷涂黏结工艺制作的。

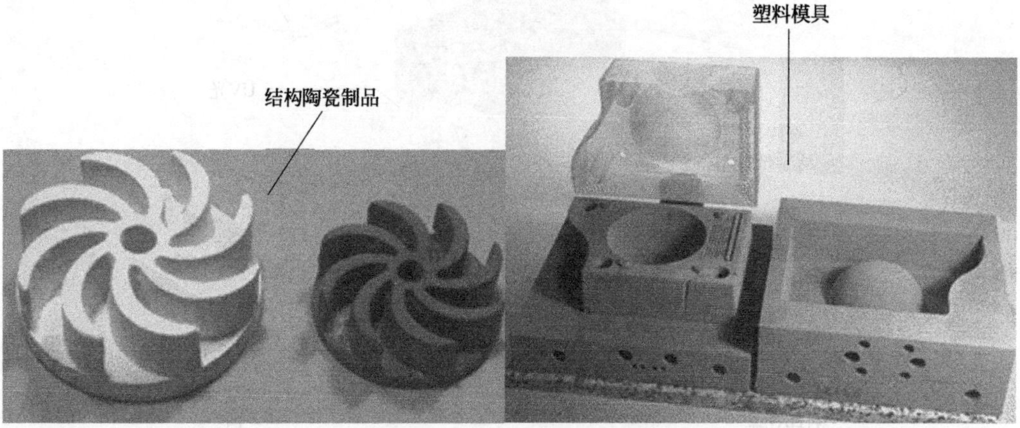

图 1-21 三维喷涂黏结工艺制品

（2）三维喷涂黏结工艺的特点

三维喷涂黏结快速原型制造技术在将固态粉末生成三维零件的过程中与传统方法比较具有以下优点。

① 速度快。速度快是 3DP 的最大优点。由于不需要特殊的刀具、夹具、模型和模具，只要有了零件的 CAD 模型就可以直接制造零件，因此可以快速地制造零件。有资料介绍，从计算机模型到零件生产只要 15min。

② 适于制造复杂形状的零件。3DP 技术和其他快速原型技术一样，对零件的复杂性几乎没有限制，只要能提供合适的 CAD 模型，就可以制造出相应的零件。

③ 可用于制造复合材料或非均质材料的零件。3DP 技术在制造零件过程中可以改变材料，因此可以生产各种不同材料、颜色、力学性能、热性能组合的零件。

④ 可适合用于制造小批量零件。

（3）三维喷涂黏结制件制作速度和精度

三维喷涂黏结工艺的生产速度受黏结剂喷射量的限制。假设生成的零件含有同等体积量的黏结剂和陶瓷粉末，则零件的生产速度是黏结剂喷射量的两倍。典型的喷嘴以 $1cm^3/min$ 的流量喷射黏结剂，若有 100 个喷嘴，则零件生产速度为 $200cm^3/min$。美国麻省理工学院开发了两种形式的喷射系统：点滴式与连续式。多喷嘴的点滴式系统的生产速度已达每层仅用 5s 的时间（每层面积为 $0.5m \times 0.5m$），而连续式的生产速度则达到每层 0.025s 的时间。

三维喷涂黏结快速原型的精度由两个方面决定：一是喷涂黏结时生产的零件坯的精度，二是零件坯经后续处理（焙烧）后的精度。在喷涂黏结过程中，喷射黏滴的定位精度、喷射黏滴对粉末的冲击作用以及上层粉末重量对下层零件的压缩作用均会影响零件坯的精度。后续处理（焙烧）时零件产生的收缩和变形甚至微裂纹均会影响零件最后的精度。

1.8 软件与数据处理

1.8.1 3D软件功能与构成

（1）3D软件功能介绍

3D打印系统的软件是整个打印的控制中心，相当于人的大脑。它的主要功能是把CAD设计的数字模型数据（主要指符合3D打印系统需要的3D数字模型文件，一般是STL文件）转换为3D打印机需要的分层数据，再控制打印机的各硬件部分按照分层数据运动打印出需要的三维模型，如图1-22所示。

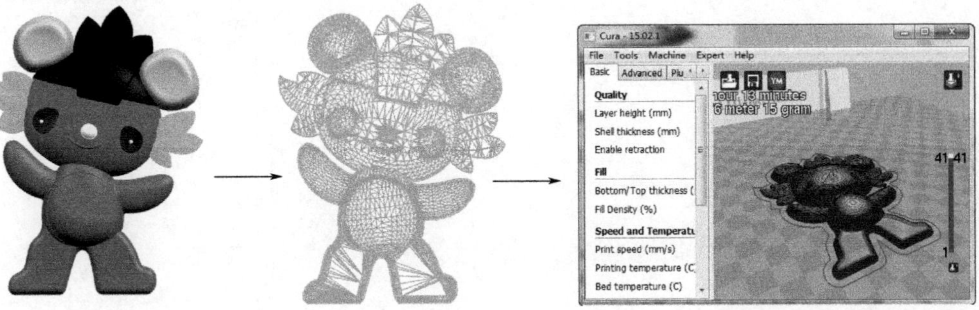

图1-22 3D打印系统流程

（2）3D打印软件构成

根据软件的功能，我们可以认为3D打印软件由进行分层处理的预处理软件和控制打印机运动的控制软件两部分构成，如图1-23所示。

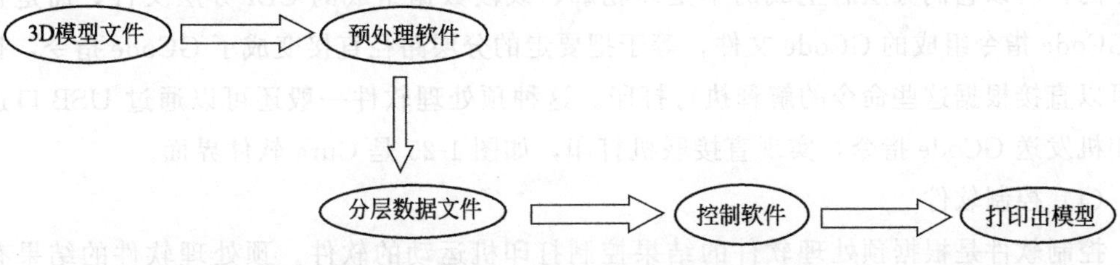

图1-23 3D打印软件构成示意图

（3）预处理软件

预处理软件是指可以对3D模型文件进行一定的编辑（一般包括缩放、旋转、镜像、复制等）处理，同时可以按照设备的性能参数进行切片处理和支撑生成，最后合成某种分层数据文件（它一般是CLI的分层数据或GCode的机器命令数据文件）的软件。这种软件是在计算机上运行的，可以不连接打印机，有些甚至没有连接打印机的功能。

比利时Materialise公司开发的Magics软件就是比较优秀的一款强大的面向3D打印工艺开发的预处理软件。除了有常规的对STL文件进行旋转、变换、复制、镜像、调整尺寸和装配等编辑功能，对各种特征进行2D和3D的距离、半径、角度等的测量功能，对STL文件进行压缩和解压操作功能外，重要的是它不仅具有对STL文件自动修复的功能，还能手工进行有缺陷的或缺少的三角形的修复。而对于需要设计支撑的 SLA 及 FDM 快速成型工艺，该软件提供了自动施加支撑的功能。该软件可以根据分层处理的需要，进行模型本体和支撑结构的切片分层编辑处理。Magics 软件界面如图 1-24 所示。

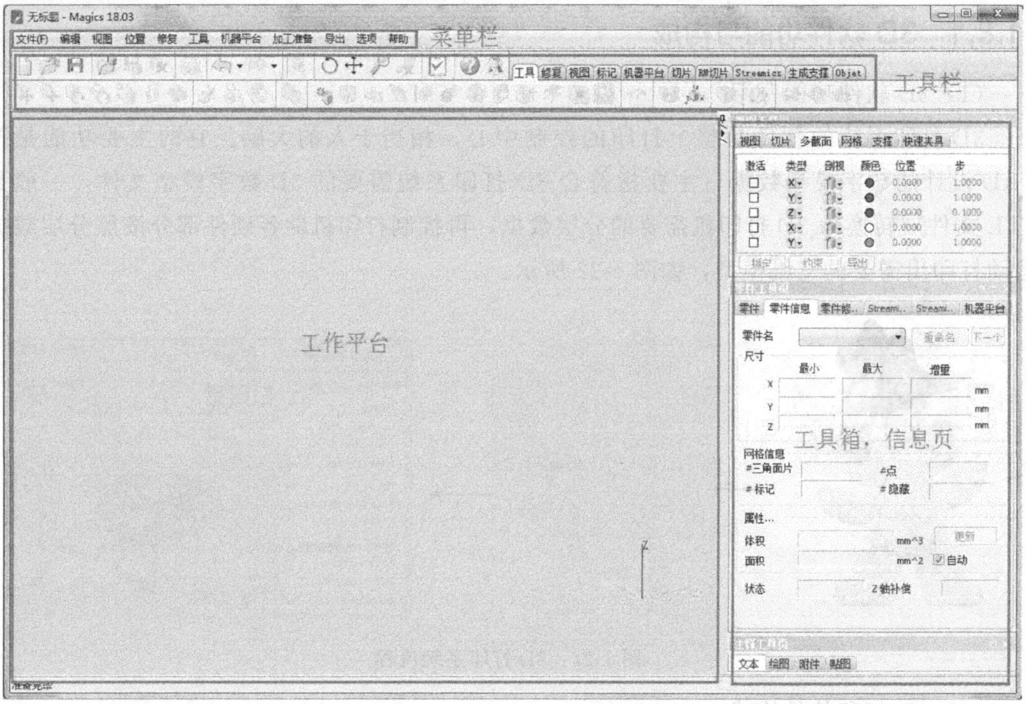

图 1-24　Magics 软件界面

不过，目前市场上的 Cura、Replicator 等预处理软件由于使用的打印机是执行 GCode 指令的，所以它们分层后生成的不是以轮廓、线段数据组成的 CLI 分层文件，而是直接由 GCode 指令组成的 GCode 文件，等于把要走的分层路径直接变成了 GCode 指令，打印机可以直接根据这些命令的解释执行打印。这种预处理软件一般还可以通过 USB 口连接打印机发送 GCode 指令，实现直接联机打印，如图 1-25 是 Cura 软件界面。

(4) 控制软件

控制软件是根据预处理软件的结果控制打印机运动的软件。预处理软件的结果有两种，对应控制软件有以下两种。

① 如果预处理软件的结果是点、线数据构成的分层数据文件，对应打印机一般本身就会连接计算机，控制软件将直接安装在这台计算机上，它通过运动控制卡、通信端口等按分层数据文件的规划移动打印机的各轴运动完成工件的打印，同时还会具备一些参数调整、设备调试之类的功能。

这里的分层数据文件一般会是标准 CLI 文件，它是由顺序的每层的轮廓线、填充线组合成的文件。其中轮廓线代表了片层中轮廓的边界，填充线是轮廓包围的构成实体的线，而线又是由一个个点来组成的，所以整个文件的数据基本就是由点的坐标数据组成的文件。

② 如果预处理软件的结果是 GCode 文件时，一般打印机都是采用单片机的嵌入式系

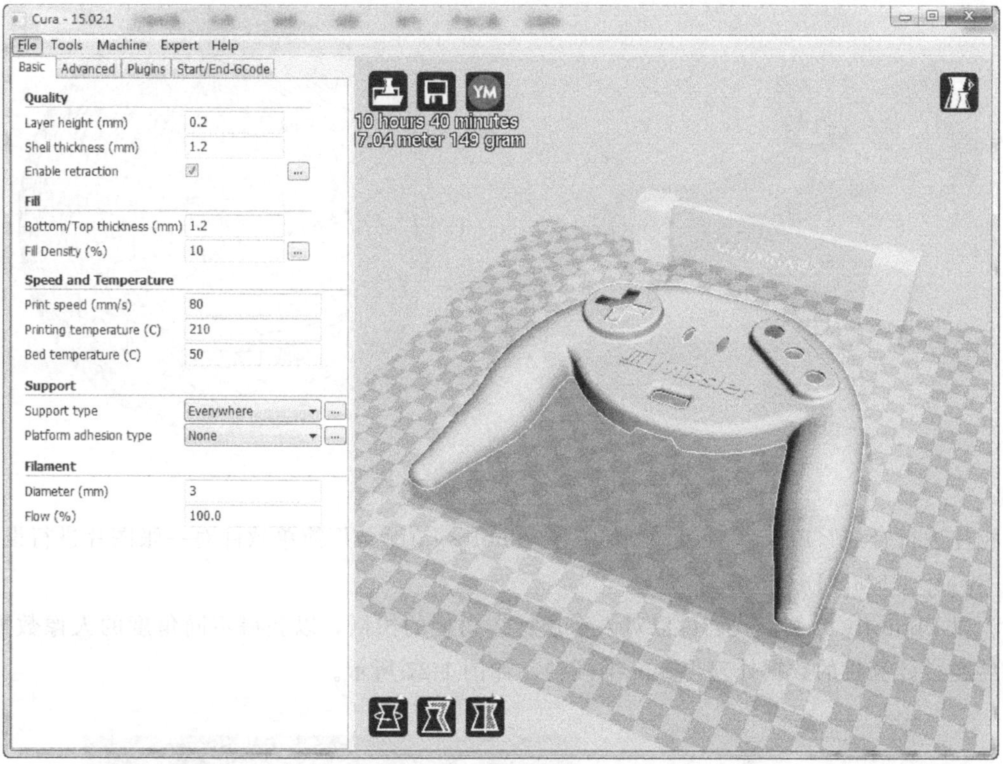

图 1-25 Cura 软件操作界面

统，这相当于一台微型计算机，程序直接烧结在程序存储器中，一启动就自动执行程序。这个程序就是控制软件，可以称为固件，也可以称为下位机的软件。

这个软件的功能除了对 GCode 命令进行解析外，还包括打印机屏幕上的画面显示、用 SD 卡打印、参数调整、设备调试等。GCode 命令大致是通用的，但有些特殊命令的设置没有统一的标准，是各公司自己定义的，所以控制软件中的 GCode 命令解析需要和预处理软件中的保持一致。使用这种控制软件的 3D 打印机平时可以不用连接计算机，采用插 SD 卡的方式直接打印。

1.8.2 3D 软件模型文件

3D 打印机处理的原始数据是所谓 3D 模型文件，它来源于 CAD 数字模型文件，但是必须转换为 3D 打印系统所能接受的数据格式，目前能够接受诸如 STL、SLC、CLI、RPI、LEAF、SIF 等多种数据格式。其中由美国 3D Systems 公司开发的 STL 文件格式可以被大多数 3D 打印机所接受，因此被工业界认为是目前 3D 打印数据的准标准。几乎所有类型的 3D 打印系统都采用 STL 数据格式，它是以一系列三角片来表示物体表面轮廓的，如图 1-26 所示。

(1) 获取 3D 模型数据

获取 3D 模型数据有多种的方法，如利用三维建模软件设计（NX、Soliworks、Rhion、Pro/E 等）、三维扫描仪扫描的模型数据（CT 或 MRI 数据）、用普通相机拍摄多

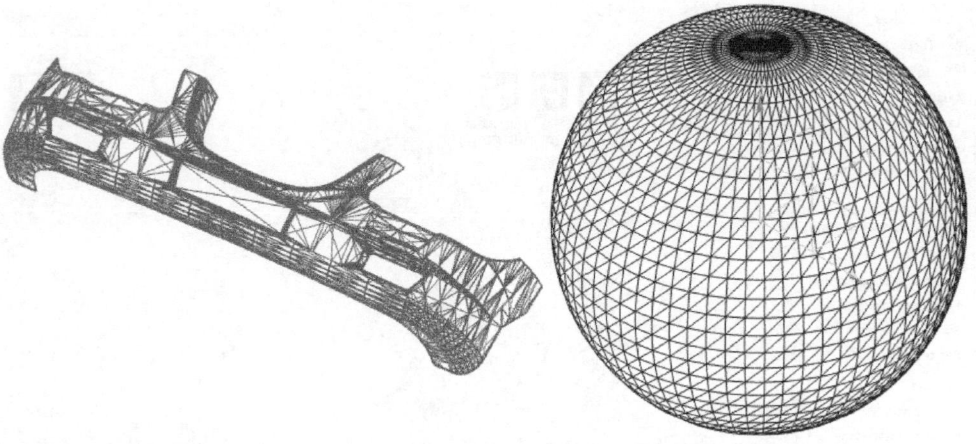

图 1-26　三角片文件数据

组相片进行合成（Photofly、123D Catch、Photosynth）、用简单软件对一张图片进行设计（3-Sweep、123D Design）等。

以 Photofly 为例，我们可以对人像进行多角度的拍摄，以获得不同角度的人像数据，最后经过计算机的数据处理得到三维模型，如图 1-27 所示。

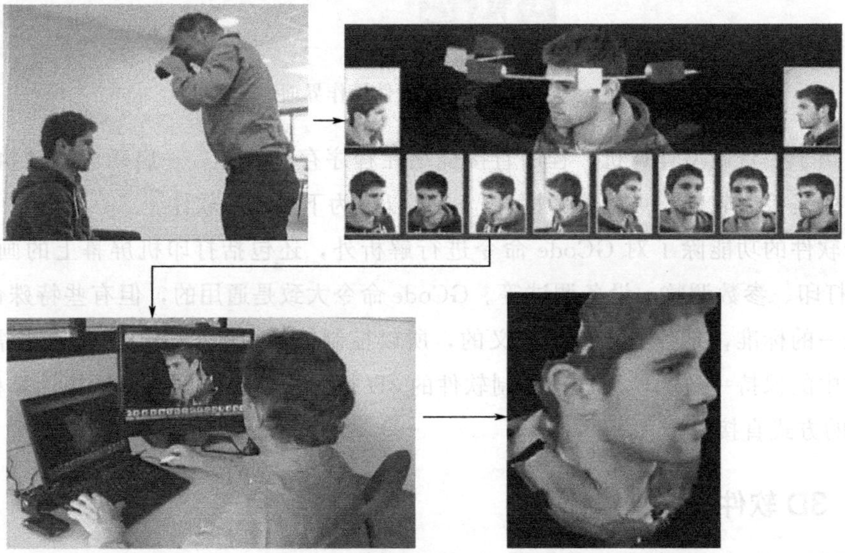

图 1-27　Photofly 获得 3D 数据

(2) STL 文件

实质上，STL 文件的数据格式是用许多细小的空间三角形面来逼近还原 CAD 实体模型，这类似于实体数据模型的表面有限元网格划分，如图 1-26 所示。其中的空间三角面片是通过给出三角形法向量的三个分量及三角形的三个顶点坐标来实现的。

STL 文件有二进制（BINARY）和文本文件（ASCⅡ）两种形式。ASCⅡ起初主要是为了检验 CAD 界面而设计开发的，便于用户理解。但是由于其自身格式太大，使它在实际中没有太大的应用，主要用来调试程序，如图 1-28 所示就是 ASCⅡ STL 文件的语法格式。

```
ASCⅡ STL文件格式示例
solid name_of_object
facet normal x y z
 outer loop
vertex x y z
vertex x y z
vertex x y z
 endloop
 endfacet
……
endsolid name_of_object
```

图 1-28 ASCⅡ STL 文件语法格式

ASCⅡ文件格式的特点如下。

① 能被人工识别并被修改。

② 文件占用空间大（一般 6 倍于 BINARY 形式存储的 STL 文件）。

（3）STL 的二进制文件格式

二进制文件采用 IEEE 型整数和浮动型小数。文件用 84B 的头文件和 50B 的后述文件来描述一个三角形。每个面都是 50B，如果所生成的 STL 文件是由 10000 个小三角形构成的，再加上 84B 的头文件，该二进制 STL 文件的大小便是 84B＋50×10000B＝500084B≈0.5MB。若在同样的精度下，采用 ASCⅡ形式输出该 STL 文件，则此时 STL 文件的大小约为 6×0.5MB＝3.0MB。STL 二进制文件格式示例：

# of bytes	*description*
80	有关文件、作者姓名和注释信息
4	小三角形平面的数目
	facet 1
4	float normal x
4	float normal y
4	float normal z
4	float vertex1 x
4	float vertex1 y
4	float vertex1 z
4	float vertex2 x
4	float vertex2 y
4	float vertex3 z
4	float vertex3 x
4	float vertex3 y
4	float vertex3 z
2	未用(构成50B)
	facet 2

(4) STL文件的精度

STL文件的数据格式是采用小三角形来近似逼近三维实体模型的外表面，小三角形数量直接影响着近似逼近的精度。显然，精度要求越高，选取的三角形应该越多。

但是，就本身面向3D打印制造所要求的CAD模型的STL文件，过高的精度要求也是不必要的。因为过高的精度要求可能会超出快速成型制造系统所能达到的精度指标，而且三角形数量的增多会引起计算机存储容量的加大，同时带来切片处理时间的显著增加，有时截面的轮廓会产生许多小线段，不利于扫描运动，导致生产效率低和表面不光滑。所以，从CAD/CAM软件输出STL文件时，选取的精度指标和控制参数应该根据CAD模型的复杂程度以及快速原型精度要求进行综合考虑。

不同的CAD/CAM系统输出STL格式文件的精度控制参数是不一致的，但最终反映STL文件逼近CAD模型的精度指标表面上是小三角形的数量，实质上是三角形平面逼近曲面时的弦差的大小。弦差指的是，近似三角形的轮廓边与真实曲面之间的径向距离。从本质上看，用有限的小三角面的组合来逼近CAD模型表面，是原始模型的一阶近似，它不包含邻接关系信息，不可能完全表达原始设计的意图，离真正的表面有一定的距离，而在边界上有凸凹现象，所以无法避免误差。

下面以具有典型形状的圆柱体和球体为例，说明选取不同三角形个数时的近似误差，如表1-1和表1-2所示。

表1-1 用三角形近似表示圆柱体的误差

三角形数目	弦差/%	表面积误差/%	体积误差/%
10	19.1	6.45	24.32
20	4.89	1.64	6.45
30	2.19	0.73	2.90
40	1.23	0.41	1.64
100	0.20	0.07	0.26

表1-2 用三角形近似表示球体的误差

三角形数目	弦差/%	表面积误差/%	体积误差/%
20	83.49	29.80	88.41
30	58.89	20.53	67.33
40	45.42	15.66	53.97
100	19.10	6.45	24.32
500	3.92	1.31	5.18
1000	1.97	0.66	2.61
5000	0.39	0.13	0.53

从表1-1、表1-2可以看出：随着三角形数目的增多，同一模型采用STL格式逼近的精度会显著地提高；而不同形状特征的CAD模型，在相同的精度要求条件下，最终生成的三角形数目的差异很大。

1.8.3 STL 文件的输出

前面提到 3D 打印软件使用的源数据基本就是 STL 文件，所以从各种 CAD/CAM 系统中输出 3D 打印软件所需要的 STL 文件就是很重要的一步。

目前，几乎所有的商业化 CAD/CAM 系统都有 STL 文件的输出数据接口，而且操作和控制也十分方便。在 STL 文件输出过程中，根据模型的复杂程度和所要求的精度指标，可以选择 STL 文件的输出精度。下面以 NX、MasterCAM 两种软件为例示意 STL 文件的输出过程及精度指标的控制（其余软件读者可自行完成）。

(1) NX 软件中的 STL 文件输出

步骤 1：在主菜单工具栏中选择【文件】|【导出】|【STL...】命令，系统弹出【快速成型】对话框，如图 1-29 所示。

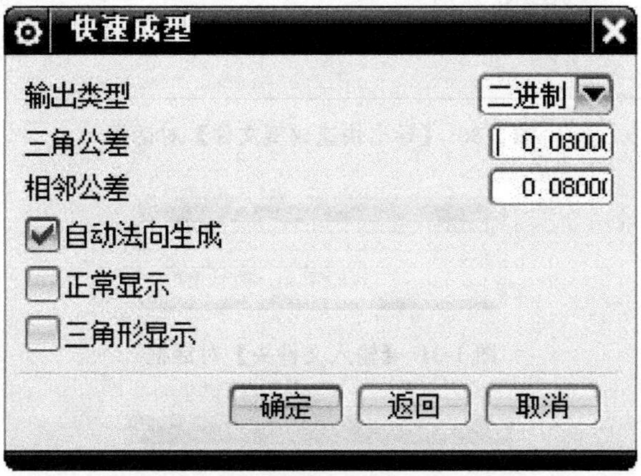

图 1-29 【快速成型】对话框

步骤 2：在【快速成型】对话框中，将【三角公差】与【相邻公差】文本框中的“0.08”更改为“0.03”（公差最小可设置到 0.0025），其余参数按系统默认，单击 确定 按钮，系统弹出【导出快速成型文件】对话框，如图 1-30 所示。

步骤 3：在【文件名】文本框中输入文件名称，单击 OK 按钮，系统弹出【输入文件头】对话框，结果如图 1-31 所示，在此可以不做任何更改。单击 确定 按钮，系统弹出【类选择】对话框，如图 1-32 所示。

步骤 4：在作图区选择要导出的快速成型图档，单击 确定 按钮完成文件输出（注：如果文件中没有负坐标，会出现图 1-33 所示的对话框，在此可直接单击【取消】按钮完成图档输出）。

(2) MasterCAM 软件中的 STL 文件输出

在主功能表中选择【档案】|【档案转换】|【STL】|【写出】命令，系统弹出【请指定欲写出之档名】对话框，如图 1-34 所示。接着在【文件名】文本框中输入文件名称，单击 保存(S) 按钮，同时软件底部会显示【输入三角形与曲面最接近的误差】文本框，至此可不做任何更改，在键盘上按 Enter 键完成 STL 文件输出。

注：本软件版本为 V9.1 版。

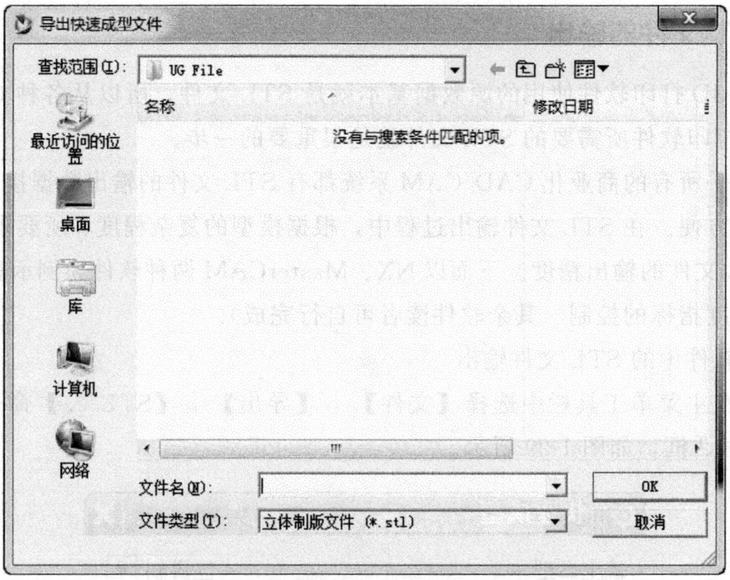

图 1-30 【导出快速成型文件】对话框

图 1-31 【输入文件头】对话框

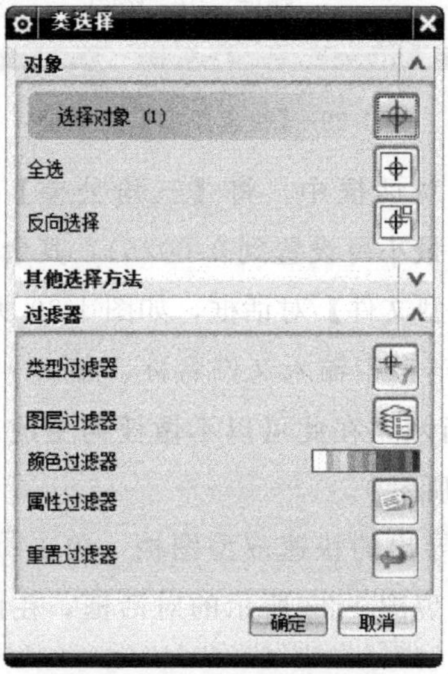

图 1-32 【类选择】对话框

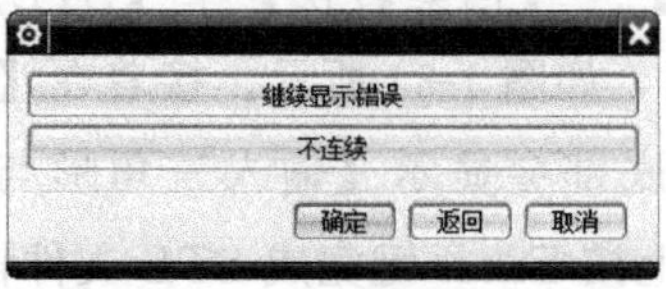

图 1-33 负坐标提示信息

图 1-34 【请指定欲写出之档名】对话框

1.9 Cura 软件的使用

Cura 是 Ultimaker 公司设计的 3D 打印软件，使用 Python 开发，集成 C＋＋开发的 CuraEngine 作为切片引擎。由于其具有切片速度快、切片稳定、对 3D 模型结构包容性强、设置参数少等诸多优点，拥有越来越多的用户群。Cura 软件更新比较快，几乎每隔 2 个月就会发布新版本，其版本号一般为“年份 . 月数”。比如 Cura15. 04. 就表示该版本是 2015 年 4 月发布的。Cura 的主要功能有：载入 3D 模型进行切片，载入图片生成浮雕并切片，连接打印机打印模型。

1.9.1 Cura 软件的安装

Cura 软件的安装很简单，但必须要注意 Cura 的安装目录最好不要包含中文路径。另外 Cura 在运行时会向硬盘里面写文件，因此安装目录要保证具有管理员权限。Cura 软件安装流程如下。

在计算机上找到安装软件文件，并双击 Cura_15.04.6，系统弹出安装路径对话框，在此不做任何更改。接着单击 Next > 按钮后系统弹出选择组件对话框，在此也可以不做任何更改。然后单击 Install 按钮后系统开始安装界面，直至安装完成。最后单击 Next > 按钮，系统弹出完成安装向导，单击 Finish 完成软件安装，如图 1-35 所示。

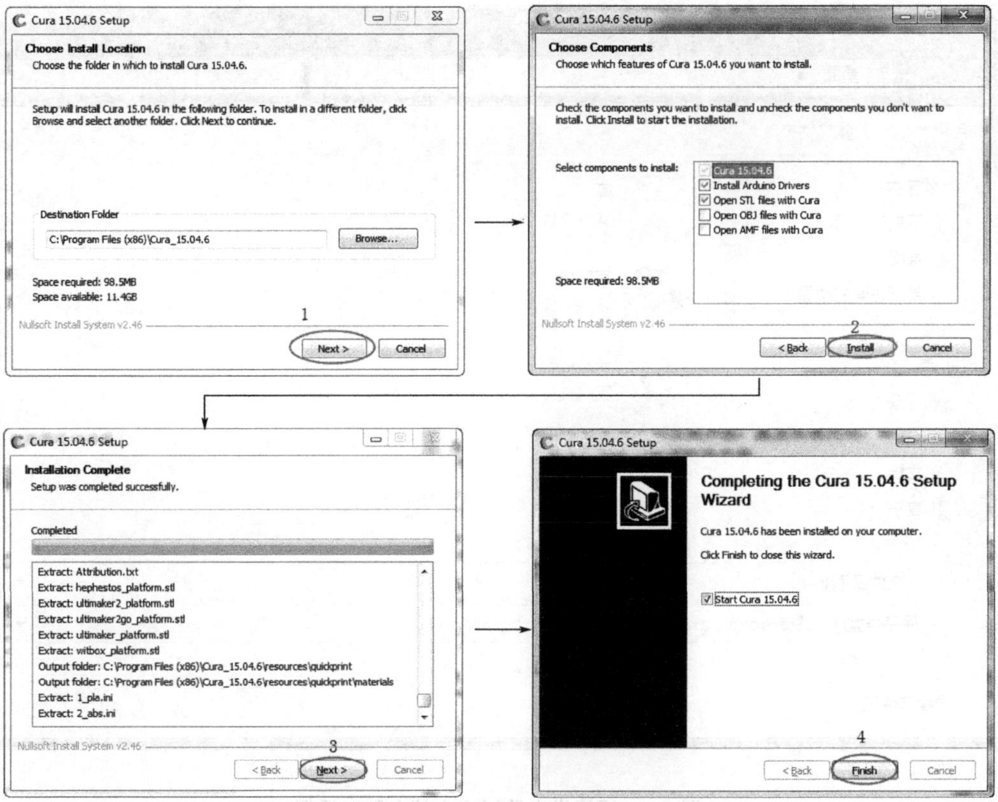

图 1-35　Cura 软件安装流程

1.9.2　Cura 软件启动的设置

在【开始】目录找到 Cura 15.04.6，系统弹出【添加机型】对话框，接着选择 Next > 按钮，系统弹出【选择你的机型】对话框，选择相对应的机器设备。（如果此处没有自己的机型，可设置为【其他机型】）

至此我们选择“Ultimaker Original”机型，单击 Next > 按钮后系统弹出【选择部件】对话框（如果此处不设置，可以进入软件界面后设置），再单击 Next > 按钮完成软件启动设置，同时系统弹出如图 1-36 所示的界面。

1.9.3　Cura 软件的应用

Cura 软件通过启动初始化配置完成之后，就打开了主界面，如图 1-36 所示。主界面主要包括主菜单、参数设置区域、视图区和编辑栏等。主菜单中可以改变打印机的信息、添加打印机等设置；参数设置选项是最主要的功能区域，在这里用户输入切片需要的各种参数，然后软件根据这些参数生成比较好的 GCode 文件；视图区主要用来查看模型、摆放模型、管理模型、预览切片路径、查看切片结果；编辑栏主要进行旋转模型、缩放模型及镜像模型操作。

（1）添加新机型操作

如果只使用一台打印机，那么在首次运行选项中对机器设置一次就可以了。如果打印

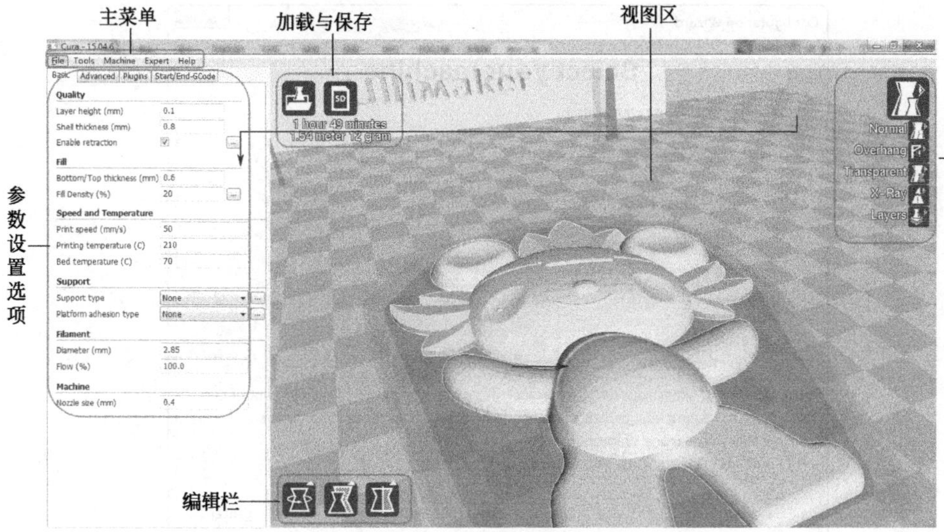

图 1-36 Cura 软件界面

机打印尺寸或结构发生变化或者增加了一台新的打印机，那么就需要对机器属性进行一些修改。如果拥有多台打印机，而尺寸类型各有不同，如果每次都去改变机器尺寸就会很麻烦。因此我们可以在添加软件里面添加不同类型的机器类型，以满足打印需要，具体操作如下。

① 在主菜单中选择【Machine】|【Add new machine】，然后弹出【Add new machine wizard】对话框，如图 1-37 所示。接着单击 Next > 按钮，系统弹出【Select your machine】对话框，如图 1-38 所示。

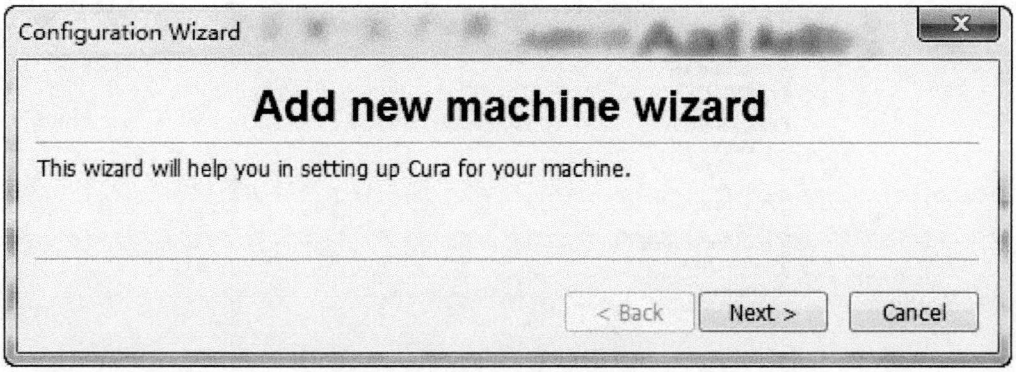

图 1-37 【Add new machine wizard】对话框

② 在【Select your machine】对话框中点选 Other (Ex: RepRap, MakerBot, Witbox)，其余参数按默认，单击 Next > 按钮，系统弹出【Other machine information】对话框（图 1-39），在此不做更改。单击 Next > 按钮后系统弹出【Custom RepRap information】对话框，如图 1-40 所示。

③ 在【Machine name】文本框中输入机器名称（如 RP-1），然后按机器大小设置相关尺寸（如【Machine width X（mm）】文本框中输入 200，【Machine depth Y（mm）】

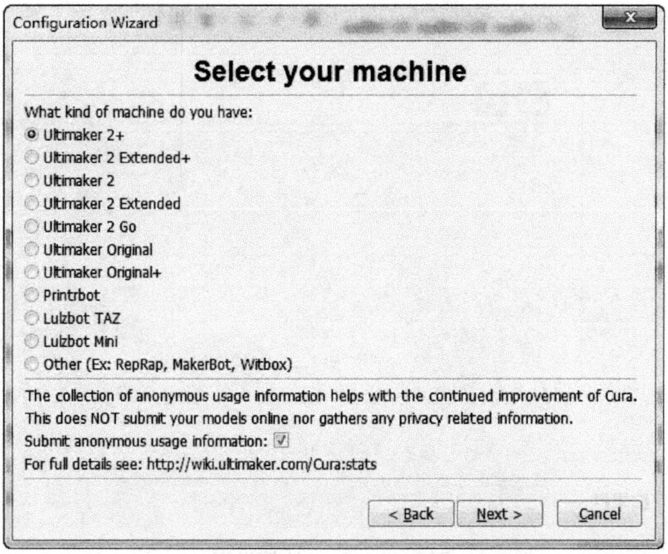

图 1-38 【Select your machine】对话框

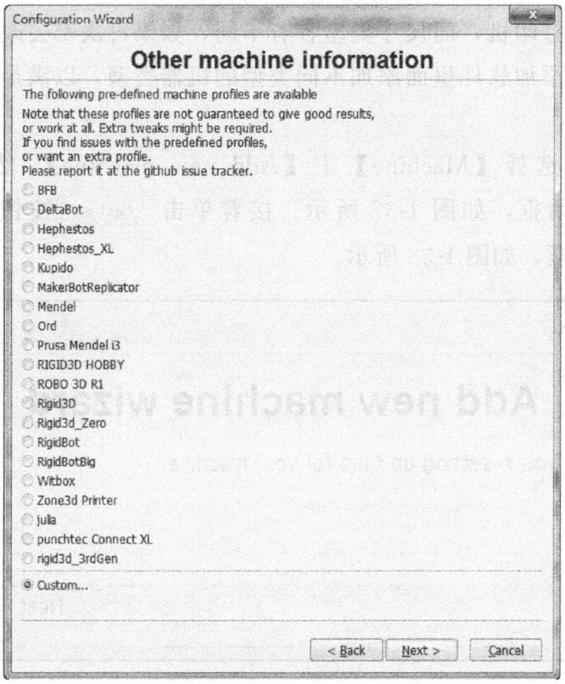

图 1-39 【Other machine information】对话框

文本框中输入 200，【Machine depth Z（mm）】文本框中输入 180，【Nozzle size（mm）】文本框中输入 0.4），同时勾选Heated bed ☑选项，其余参数默认，单击 Finish 按钮，完成新设备添加，并返回软件主界面。

（2）软件常用参数简介

新机型添加完成后，我们就可以对软件主界面设置一些打印参数。Cura 的切片参数包括 5 个部分：基本设置、高级设置、插件、GCode 及专业设置，本节主要介绍基本设

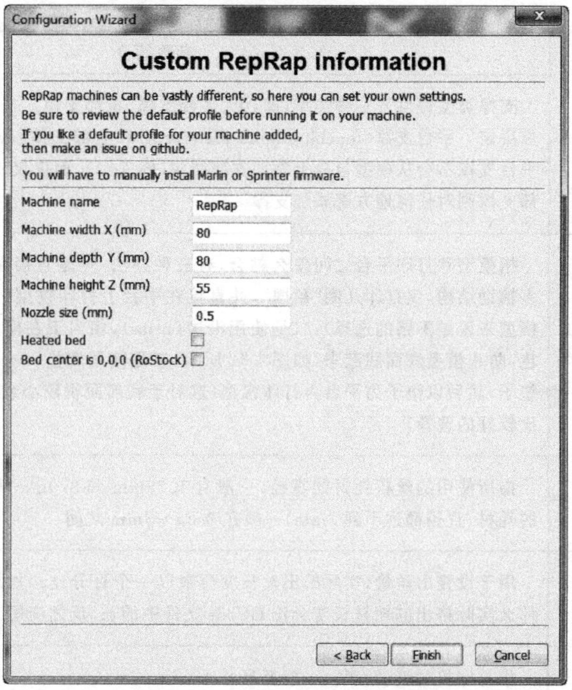

图 1-40 自定义 RepRap 信息

置与高级设置两项。

① 参数基本设置。参数基本设置包括层高、壁厚、填充、耗材、温度及辅助材料等。具体参数说明如表 1-3 所示。

表 1-3 参数基本设置简介

参数基本设置		参数简介
质量	层高	指切片每一层的厚度，也是影响打印质量的一项参数。一般来说，0.1mm 是比较精细的层厚，0.2mm 的厚度比较常用，0.3mm 的层厚用于打印要求不太精细的模型。当然，打印模型的精细程度也与打印机性能有关，降低打印质量，可以提高打印速度
	壁厚	指模型表面厚度，壁厚越厚模型越结实，但打印时间也越长。需注意壁厚一般不能小于喷嘴直径，如果模型存在薄壁部分，那么不一定能够打印出来。一般对于 0.4mm 的喷嘴，设置为 0.8mm 壁厚即可，若希望打印结实一些，可设置为 1.2mm
	开启回退	这一参数是指在非打印区域喷头移动时，适当地回抽材料，使喷头不会挤出多余的丝料
填充	顶/底部厚度	指模型底下几层和上面几层采用实心打印(因此这些层也被称为实心层)。这也是为了打印一个封闭的模型而设置的，通常称为“封顶”。一般来说，0.6～1mm 就可以
	填充密度	是指打印出来的模型是实心还是空心，或中间有填充物等，0 表示空心，100 表示实心
速度和温度	打印速度	打印速度指的是吐丝速度。当然打印机不会一直以这个速度打印，因为需要加减速，所以这个速度只是一个参考速度。速度越快，打印时间越短，但打印质量会降低。对于一般的打印机，40～50mm/s 的速度是比较合适的。如果希望打印快些，可以把温度提高 10℃，然后把速度提高 20～30mm/s。高级设置里有更加详细的速度设置
	打印温度	指打印时喷头的温度。此温度要根据使用的材料来设置，一般 PLA 温度为 210℃左右，ABS 温度为 230℃左右。温度过高会导致挤出的丝有气泡，而且会有拉丝现象；温度过低会导致加热不充分，可能会导致喷头堵

续表

参数基本设置		参数简介
支撑	支撑类型	支撑类型提供了三种类型，即：无、平台支撑、全部支撑。是否需要添加支撑完全由用户决定。平台支撑(touching build plateform)和全部支撑(everywhere)的区别是：接触平台支撑不会从模型自身上添加支撑结构(图 1-41)，而仅仅从平台上添加支撑结构；全部支撑则对任何地方都添加支撑
	黏附平台	指模型和打印平台之间怎么黏合，有三种办法：一是直接黏合(none)，就是不打印过多辅助结构，仅打印几圈“裙摆”，并直接在平台上打印模型(这对于底部面积比较大的模型来说是不错的选择)；二是使用沿边(brim)，相当于在模型第一层周围围上几圈篱笆，防止模型底面翘起来，如图 1-42 所示；三是使用底垫(raft)，即在模型下面先铺几层垫子，然后以垫子为平台再打印模型(这对于底部面积较小或底部较复杂的模型来说是比较好的选择)
打印材料	直径	指所使用的丝状耗材的直径，一般有 1.75mm 和 3.0mm 两种耗材。而对于 3.0mm 的耗材，直径都达不到 3mm，一般在 2.85～3mm 之间
	流量	用于设置出丝量，实际的出丝长度会乘以一个百分比。如果这个百分比大于 100%，那么实际挤出的耗材长度会比 GCode 文件中的长，反之变短
机型	喷嘴孔径	指打印机的喷嘴直径，一般都是 0.4mm

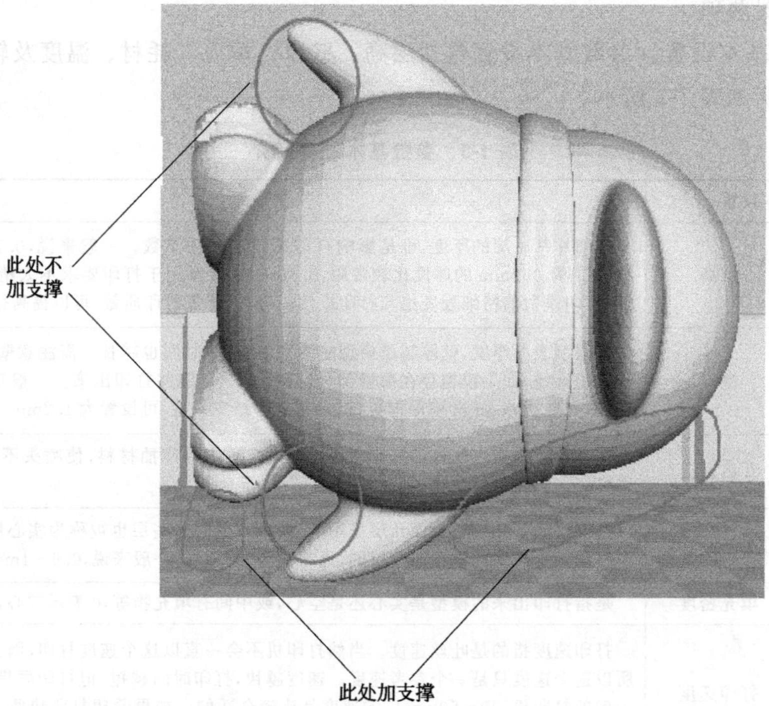

图 1-41　支撑类型解析

② 参数高级设置。参数高级设置主要设置速度、质量及冷却参数等，具体参数说明如表 1-4 所示。

图 1-42 平台黏附底边类型

表 1-4 参数高级设置简介

参数高级设置		参数简介
回退	速度	指回退的速度，设置较高的速度会达到较好的效果，但回退距离不能太大。一般设置回退 40～60mm/min 即可
	距离	用于设置回退距离，一般设置在 3～5mm 左右
打印质量	初始层厚	指模型的第一层的厚度，为了使模型打印更加稳定，会使第一层厚度稍厚一些，一般设置为 0.3mm。需要注意，初始层和底部并不是一回事，底部包含初始层，但不止一层；而初始层只是一层而已
	初始层线宽	是以百分比的形式改变第一层线条的宽度。如果希望改变第一层的线宽，改变这个百分比即可
	底层切除	有时候模型底部不是很平整，或者用户希望从某一个高度而不是底部开始打印，那么就可以使用底层切除(cut off object bottom)功能将模型底部切除一些。但注意这并非真地将模型切掉一部分，只是从这个高度开始切片而已
	两次挤出重叠	为使两个不同颜色更好融合，可在此设置一定数据，提高融合效果
速度	移动速度	指没有打印时的运行速度。如果机器允许，此值可尽可能设置大些，一般是 150mm/min
	底层速度	是指底层的打印速度，一般可以比打印速度慢，以便第一层更好地与打印平台黏附，一般是 20mm/min
	填充速度	指内部打印填充的速度，如果不关注模型内部，则可以比打印速度高出 10～15mm/min，以提高打印效率
	顶层/底层速度	指底部一层与最后一层的速度，一般比打印速度慢 10mm/min 左右
	外壳速度	指打印外表的速度，一般与打印速度一致
	内壁速度	是指打印内部速度，一般可比打印速度快 10mm/min 左右
冷却	每层最小打印时间	指打印每一层的最短时间。这个时间就是为了让每一层有足够的时间冷却。如果某一层路径长度过小，那么软件会降低打印速度。这个时间需要根据经验来修改
	开启风扇冷却	允许用户在打印过程中使用风扇冷却，具体冷却风扇的速度如何控制可以通过“专业设置”进行设置，如图 1-43 所示

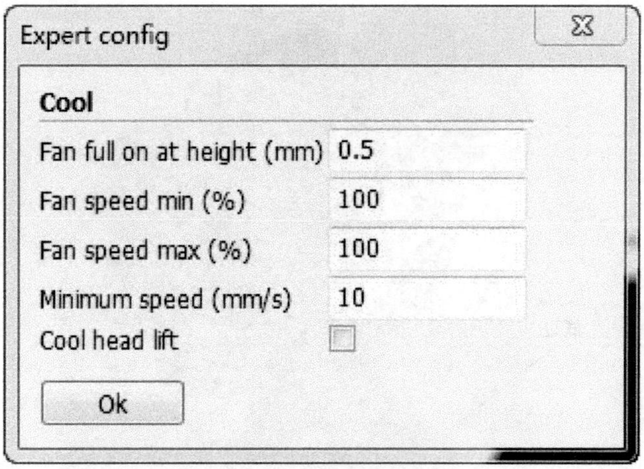

图 1-43 【Expert config】对话框

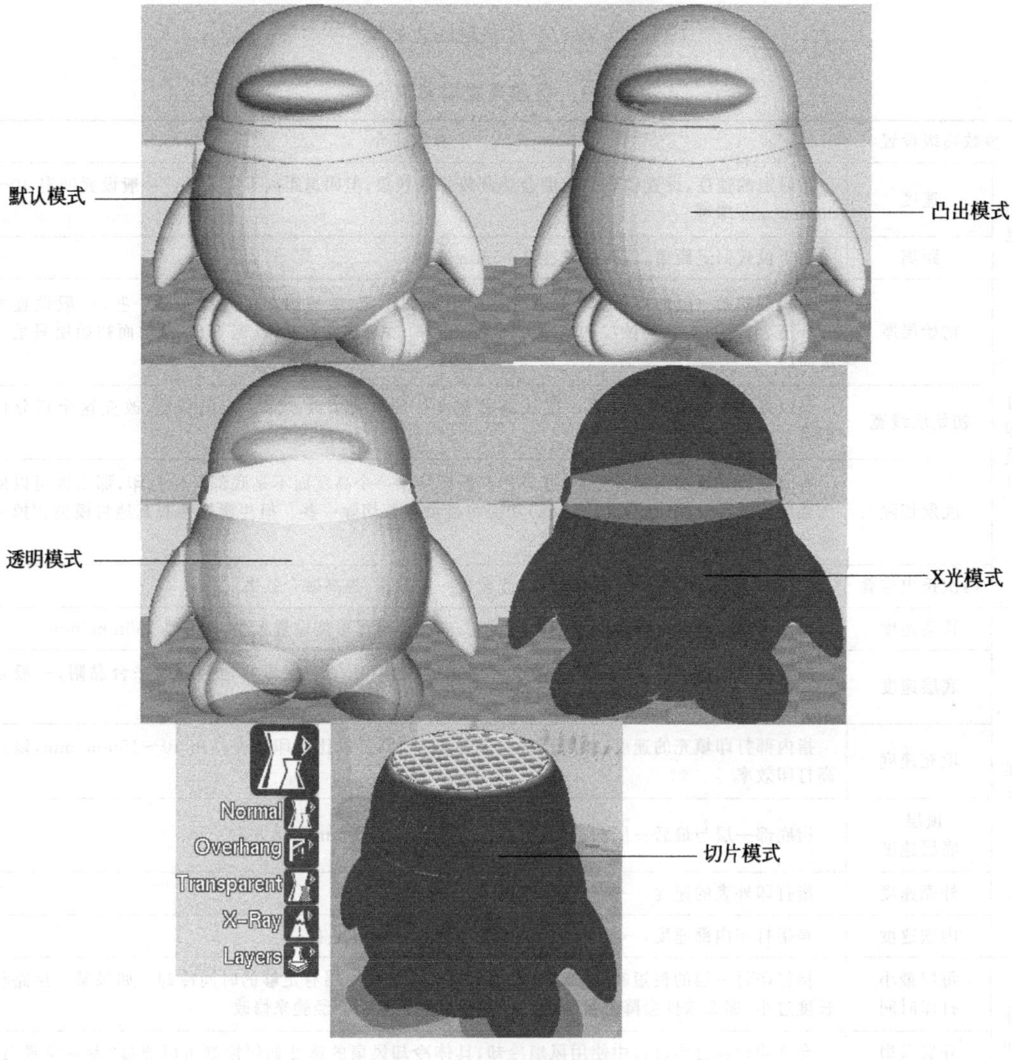

图 1-44 视图显示栏模式

（3）视图显示栏

在 Cura 软件的主界面右上角有一个【视图显示栏】选项，包括正常、突出、透明、X 光照及分层五种模式，各种显示如图 1-44 所示。

（4）编辑栏

在 Cura 软件的主界面左下角有一个【编辑显示栏】选项，包括旋转、缩放、镜像三种编辑模式，用户可以通过选择其中一模式进行编辑图档的摆放，如图 1-45 所示。

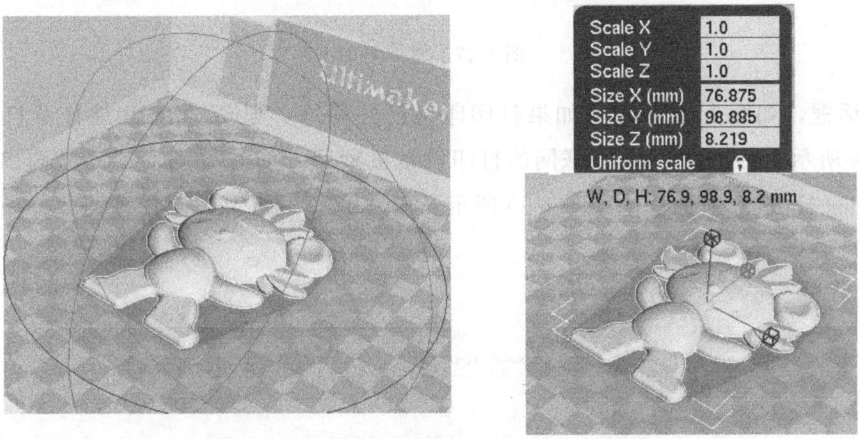

图 1-45 旋转与缩放模式

1.10 Client Manager 软件简介

Client Manager 软件是由美国 3D Systems 公司开发的，主要用于各类 3D System 旗下的 3D 打印切片操作与数据传输，其操作界面如图 1-46 所示（此图为未添加打印机的过程）。

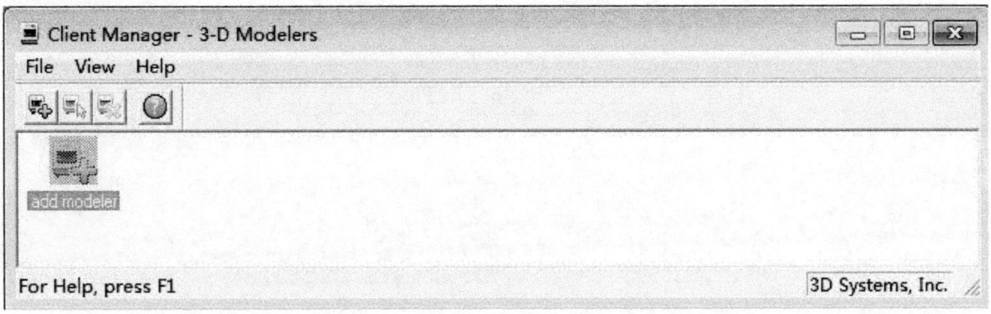

图 1-46 Client Manager 软件界面

1.10.1 添加打印机

在桌面上双击软件，系统弹出图 1-47 所示的软件操作界面，在此界面我们没有看到被添加的打印机设备，因此需要添加打印设备。

在 Client Manager 软件中双击 add modeler 图标按钮，系统弹出【Add a 3-D Mod-

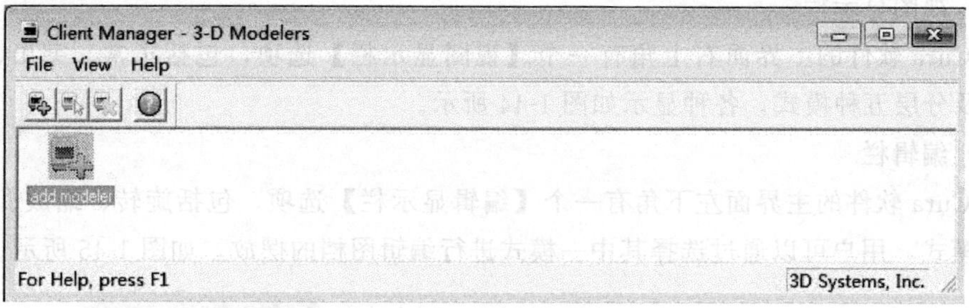

图 1-47 软件界面

eler】对话框，如图 1-48 所示（如果打印印机已经联网，则会显示 IP 地址及打印机型，如图 1-49 所示）。当用户选择好联网的打印设备机型后，单击 OK 按钮，系统弹出【Enter 3-D Molder Name】对话框，如图 1-50 所示。再次单击 OK 按钮，系统返回软件操作界面，结果如图 1-51 所示。

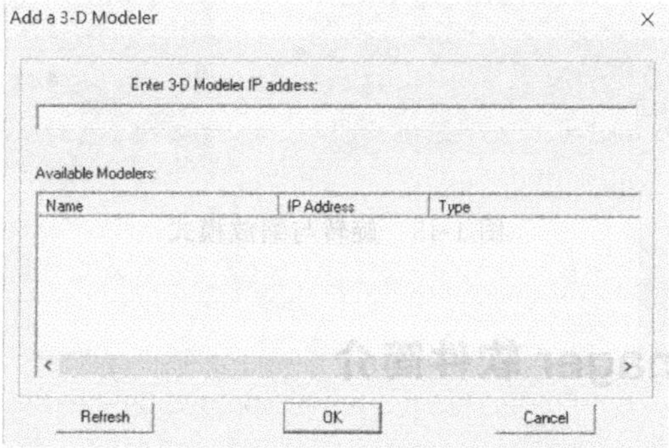

图 1-48 【Add a 3-D Modeler】对话框

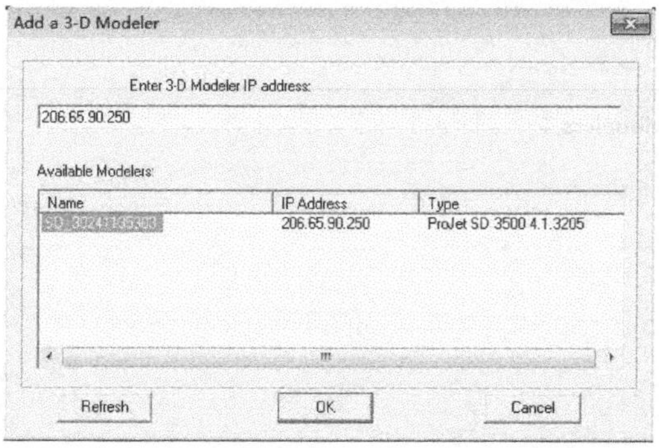

图 1-49 联网后的【Add a 3-D Modeler】对话框

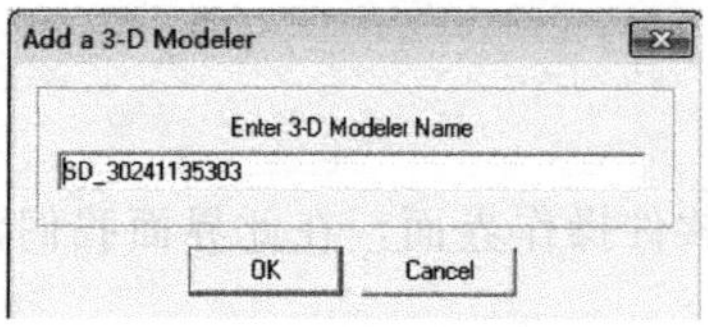

图 1-50 打印机名称

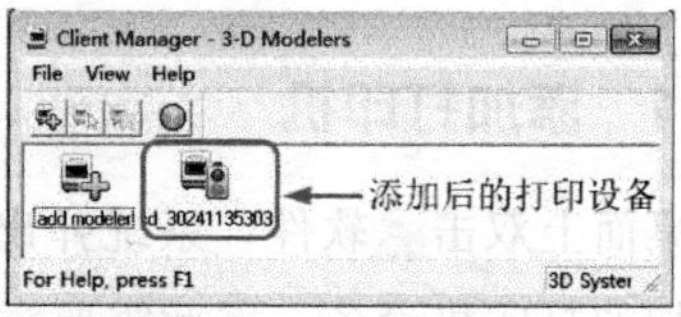

图 1-51 添加打印设备

1.10.2 Client Manager 软件基本操作

在 Client Manager 软件中双击可用的打印设备，系统会弹出打印的信息窗口，如图 1-52 所示。在打印窗口的左上角处单击 Submit 图标按钮，系统弹出【Submit】对话框（图 1-53），在此需要对一些选项参数进行设置。在【Submit】对话框中单击 Options... 按钮，系统弹出【Default Job Options】对话框（图 1-54），各参数选项功用如表 1-5所示。

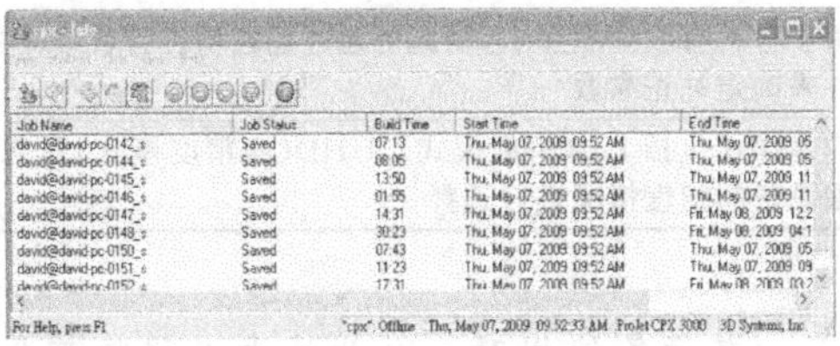

图 1-52 打印信息窗口

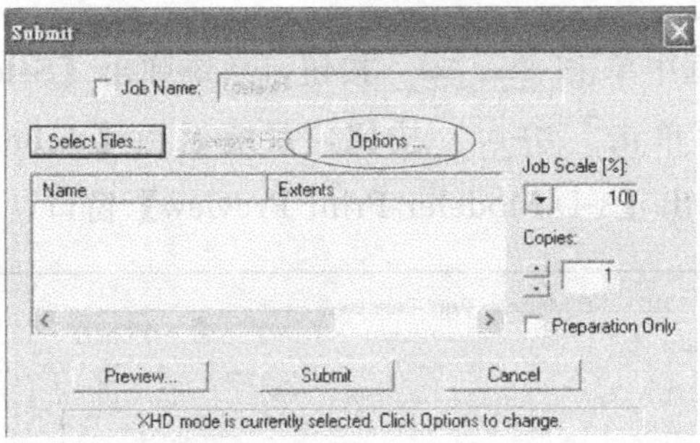

图 1-53 【Submit】对话框

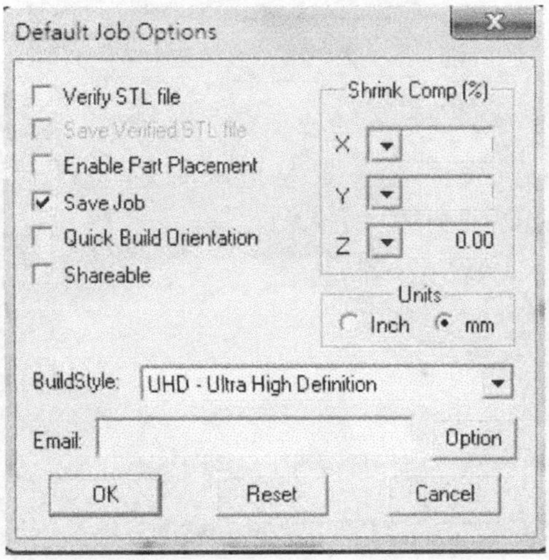

图 1-54 【Default Job Options】对话框

表 1-5　Default Job Options 说明

选项名称	功能说明
Verify STL file	当勾选此选项时，加载的文档会进行检测，一般不启用
Save Verify STL file	此选项与 Verify STL file 相对应，只有勾选了 Verify STL file 选项，此功能才有意义。用于保存验证 STL 文档
Enable Part Placement	是否启用零件放置，一般不启用
Save Job	保存此次的工作纪录文件
Quick Build Orientation	快速构建方位，一般不启用
Shareable	是否分享打印文档，一般不启用
Shrink Comp%	由于材料有收缩率要求，因此可通过此选项进行收缩率补正，具体可视材料来定或试打样件来确定补正参数
Build Style	构建样式包括 HD(一般模式)、UHD(高精度模式)及 XHD(超高精度模式)三种模式，根据设备的精度情况进行选择

提示：在一般情况下，在设备使用时，企业技术工程师都会将 Client Manager 软件中的相关参数进行设置或告知用户，原则上不需要做太多更改。

(1) 文件选择与预览

在【Submit】对话框中单击 Select Files... 按钮，系统弹出【Select CAD Files】对话框，找到相关的练习文件后单击 打开(O) 按钮，系统返回【Submit】对话框。接着单击 Preview... 按钮，系统弹出【3-D Modeler Print Preview】窗口，如图 1-55 所示。

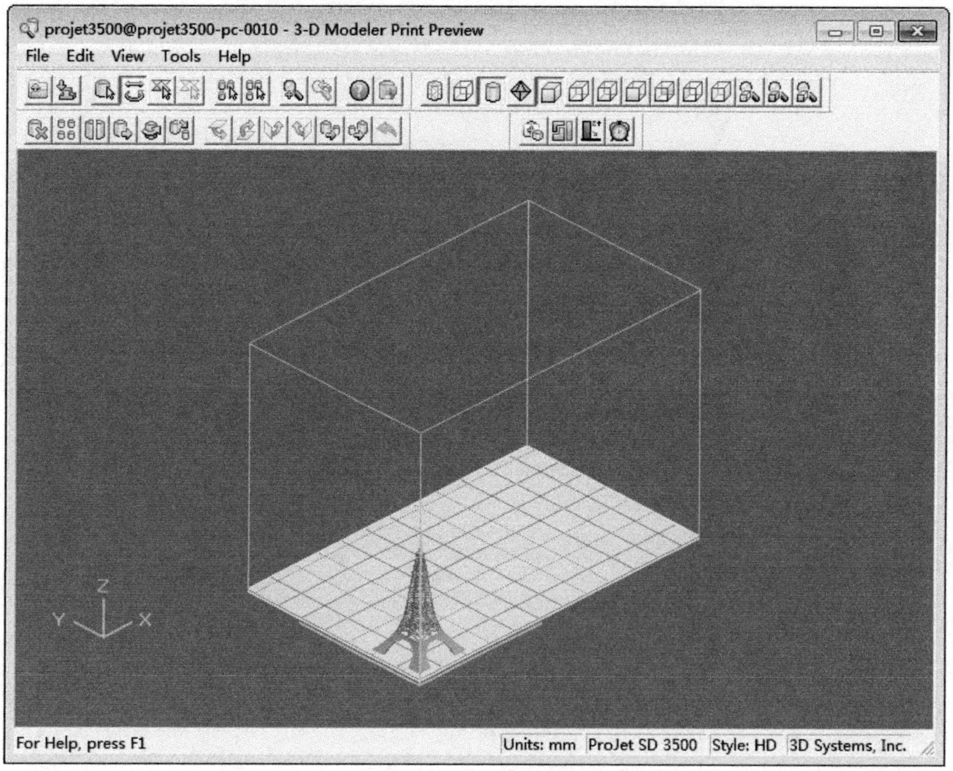

图 1-55　打印布局预览

(2) 常用指令介绍

① 主要工具条如图 1-56 所示。

② 编辑栏如图 1-57 所示。

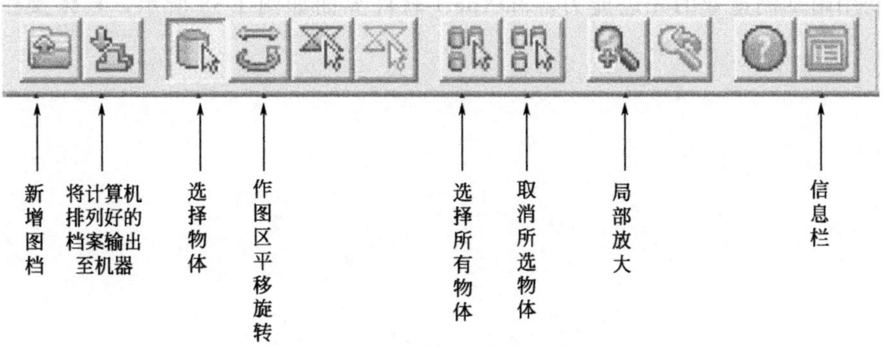

图 1-56 主要工具条

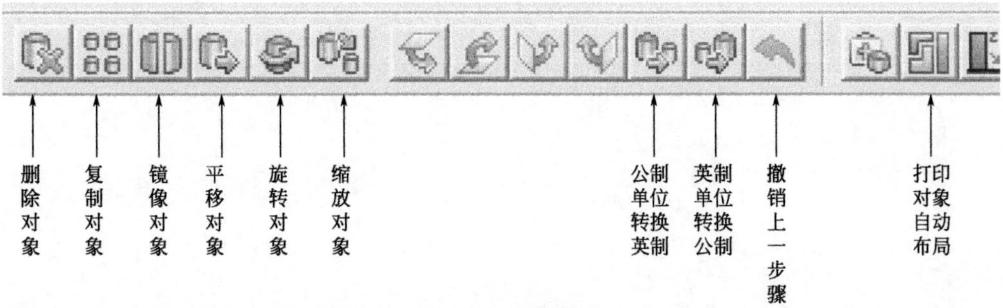

图 1-57 编辑栏

1.11 3DXpert 软件简介

3DXpert 软件是 SolidWorks 的补充软件，它提供了需要的一切来准备和优化用于附

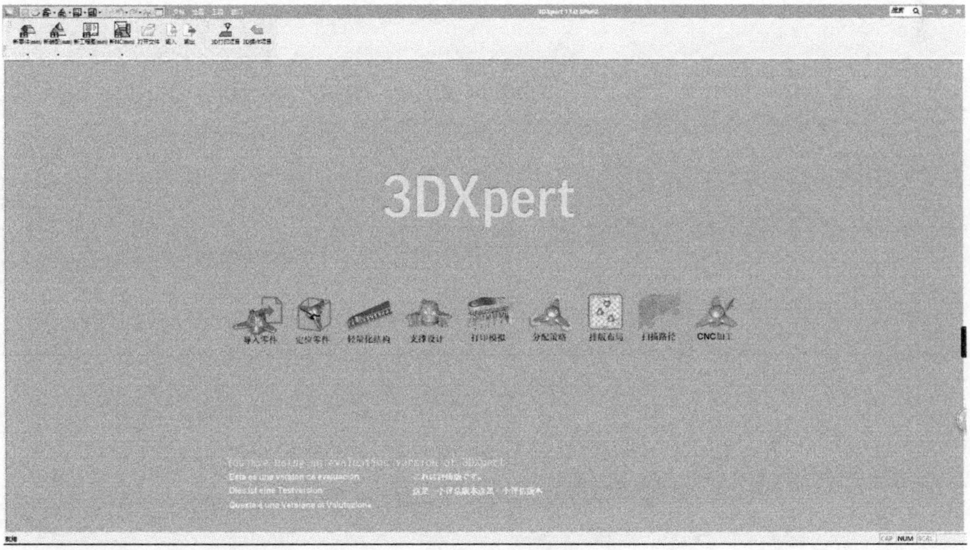

图 1-58 3DXpert 软件界面

加制造（AM）的设计。SolidWorks 中一个按钮的单击将会使本机的 CAD 数据直接导入 SolidWorks 的 3DXpert，并为用户提供了一个广泛的工具集，以方便地分析、准备和优化我们的添加剂制造设计。使用 SolidWorks 的 3DXpert，可以确保高质量的打印部件，并充分利用附加制造业的先进能力。3DXpert 软件界面如图 1-58 所示，具体操作见本书第 6 章。

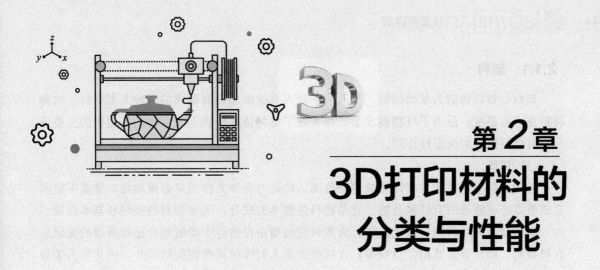

第2章 3D打印材料的分类与性能

3D打印主要由设备、软件、材料三部分组成，其中材料是不可或缺的环节，而现在业界主要研究的是设备和软件，对材料研究还不够重视。材料瓶颈已经成为限制3D打印发展的首要问题，因为未来3D打印的真正发展将在高端领域即工业应用，而目前高端打印材料的发展尚无法满足3D打印技术发展的需要。

2011年6月24日，美国总统奥巴马宣布启动一项价值超过5亿美元的“先进制造业伙伴关系”（advanced manufacturing partnership，AMP）计划，呼吁美国政府、高校及企业之间应加强合作，以强化美国制造业领先地位，而“材料基因组计划”（materials genome initiative，MGI）作为AMP计划中的重要组成部分，投资将超过1亿美元。

2012年12月21日，《材料科学系统工程发展战略研究——中国版材料基因组计划》重大项目启动会在中国工程院召开。会议由屠海令院士主持，项目组总顾问徐匡迪和清华大学原校长顾秉林等近40位院士专家分别作为项目组顾问和课题组负责人出席了会议。

2.1 3D打印常用材料

从理论上来说，所有的材料都可以用于3D打印，但目前主要以塑料、金属材料、陶瓷材料为主，这很难满足大众用户的需求。特别是工业级的3D打印材料更是十分有限，目前适用的金属材料只有10余种，而且只有专用的金属粉末材料才能满足金属零件的打印需要。需要用到金属粉末材料的3D打印为工业级打印机，即选择性激光烧结（SLS）、选择性激光熔化（SLM、DLS）、激光直接金属堆积（DMD）技术。

目前在工业级打印材料方面存在的问题主要有以下几个。

① 可适用的材料成熟度跟不上3D市场的发展。

② 打印流畅性不足、材料强度不够。

③ 材料对人体的安全性与对环境的友好性的矛盾。

④ 材料标准化及系列化规范的制定。

3D打印对粉末材料的粒度分布、松装密度、氧含量、流动性等性能要求很高。但目前还没有形成一个行业性的标准，因此在材料特性的选择上在前期要花很长的时间。

2.1.1 塑料

塑料是指以树脂为基础原料，加入或不加入其他添加剂而制成的一种人工材料。这种材料在一定温度、压力下可塑制成型，在常温下能保持其形状不变。树脂是塑料的主要成分，对塑料性能起决定性作用。

(1) 树脂

树脂是指受热时通常有转化或熔融范围，转化时受外力作用具有流动性，常温下呈固态或半固态或液态的有机聚合物。它是塑料最基本的成分，决定塑料的类型和基本性能。

树脂分为天然树脂与合成树脂，天然树脂是指由自然界中动植物分泌物所得的无定形有机物质，如松香、琥珀、虫胶等；合成树脂是人们模仿天然树脂的成分，用化学人工合成方法制取的树脂，如聚乙烯、聚丙烯、聚氯乙烯、酚醛树脂、环氧树脂、氨基树脂等。

(2) 添加剂

添加剂包括填充剂、增塑剂、着色剂、稳定剂和润滑剂等。填料（填充剂）主要起增强作用；增塑剂用于提高树脂的可塑性和柔软性；固化剂用于使热固性树脂由线型结构转变为体型结构；稳定剂用于防止塑料老化，延长其使用寿命；润滑剂用于防止塑料加工时粘在模具上，使制品光亮；着色剂用于塑料制品着色。

(3) 塑料的分类

① 按成型性能分类。塑料按成型性能分类，可分为热塑性塑料和热固性塑料。热塑性塑料指在特定温度范围内能反复加热软化和冷却硬化的塑料，其分子结构是链状或枝状结构、变化过程可逆。热固性塑料是在受热或其他条件下能固化成不熔性物质的塑料，其分子结构最终为网状结构、变化过程不可逆。

② 按用途分类。塑料按用途分类，可分为通用塑料、工程塑料及特种塑料。通用塑料产量大、用途广、价格低、性能一般，常用作非结构材料。如聚乙烯、聚丙烯、聚苯乙烯、聚氯乙烯、酚醛塑料和氨基塑料六大类，其产量约占世界塑料总产量的80%。

工程塑料能承受一定的外力作用，并有良好的力学性能和尺寸稳定性，在高、低温下仍能保持其优良性能，可以作为工程结构件的塑料。ABS、聚酰胺、聚甲醛、聚碳酸酯、聚苯醚、聚苯硫醚、聚砜、聚酰亚胺、聚醚醚酮以及各种增强塑料（加入玻璃纤维、布纤维等）等属于工程塑料。

特种塑料一般指具有特种功能（如耐热、自润滑等）应用于特殊用途的塑料，如医用塑料、光敏塑料、导磁塑料、超导电塑料、耐辐射塑料、耐高温塑料等。

(4) 塑料的性能特点

塑料相对密度小（一般为0.9～2.3），耐蚀性、电绝缘性、减摩、耐磨性好，有消声、吸振性能，工艺性能良好等；但刚性差（为钢铁材料的1/100～1/10），强度低，耐热性差、热膨胀系数大（是钢铁的10倍）、热导率小（只有金属的1/200～1/600），蠕变温度低、易老化。

2.1.2 3D打印常用塑料

在3D打印领域，塑料是常用的打印材料。常用塑料的种类有ABS塑料、PLA（聚乳酸)、尼龙、PC 等，通过不同比例的材料混合，可以产生出近 120 种软硬不同的新材料。

(1) 尼龙 12 (PA12)

尼龙 12 具有良好的力学性能和生物相容性，经认证达到食品安全等级，高精细度，性能稳定，能承受高温烤漆和金属喷涂，适用于制作展示模型、功能部件、真空铸造原型、最终产品和零配件。它的表面有一种沙沙的、粉末的质感，也略微有些疏松。

(2) 多色树脂

多色树脂集尺寸稳定性和细节可视性于一性，适用于模拟标准塑料和制作模型，可实现逼真的最终产品效果。如外观测试、活动部件与组装部件、展览与营销模型、电子元件的组装也非常适用于硅胶模具制作。

(3) 半透明树脂

半透明树脂是指集高尺寸稳定性、生物相容性和表面平滑度于一体的标准塑料模拟材料。非常适用于透明或透视部件的成型，如玻璃、眼镜、灯罩、灯箱、液流的可视化、彩染、医疗、艺术与展览模型。

(4) 丙烯腈-丁二烯-苯乙烯共聚物 (ABS)

ABS 是常用的 3D 打印塑料之一。ABS 塑料具有优良的综合性能，有极好的冲击强度、尺寸稳定性、电性能、耐磨性、抗化学药品性、染色性，成型加工和机械加工较好。ABS 树脂耐水、无机盐、碱和酸类，不溶于大部分醇类和烃类溶剂，而易溶于醛、酮、酯和某些氯代烃中。ABS 塑料的缺点：热变形温度较低，可燃，耐候性较差。

ABS 是熔融沉积成型 3D 打印工艺的首选工程塑料。目前主要是将 ABS 预制成丝、粉末化后使用，应用范围几乎涵盖所有日用品、工程用品和部分机械用品。ABS 材料的颜色种类很多，如象牙白、白色、黑色、深灰色、红色、蓝色、玫瑰红色等，在汽车、家电、电子消费品领域有广泛的应用，如图 2-1 所示。

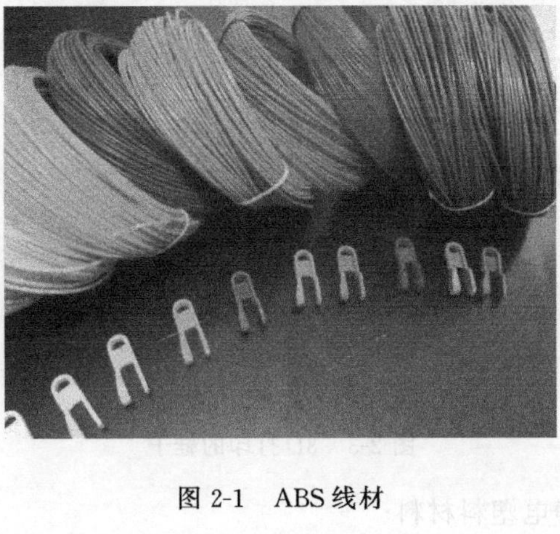

图 2-1 ABS 线材

(5) 聚乳酸 (PLA)

聚乳酸 (PLA) 是一种新型的生物基及可再生生物降解材料，使用可再生的植物资源（如玉米）所提出的淀粉原料制成。它是 3D 打印起初使用得最好的原材料，具有多种半透明色和光泽感。PLA 具有良好的生物可降解性，使用后能被自然界中微生物在特定条件下完全降解，最终生成二氧化碳和水，不污染环境，是公认的环境友好材料。如图 2-2所示是采用 PLA 材料打印的模型。

图 2-2　PLA 材料打印模型

(6) 弹性体材料（EP）

弹性体材料（elasto plastic，EP）即弹性体塑料，是 Shapeways 公司最新研制的一种 3D 打印原材料，它能避免用 ABS 打印的穿戴物品或者可变形类产品存在的脆弱性问题。EP 材料非常柔软，在进行塑形时跟 ABS 一样采用“逐层烧结”原理，但打印的产品弹性相当好，变形后也容易复原。这种材料可用于手机壳、3D 打印衣物制作、3D 打印鞋等产品，如图 2-3 所示。

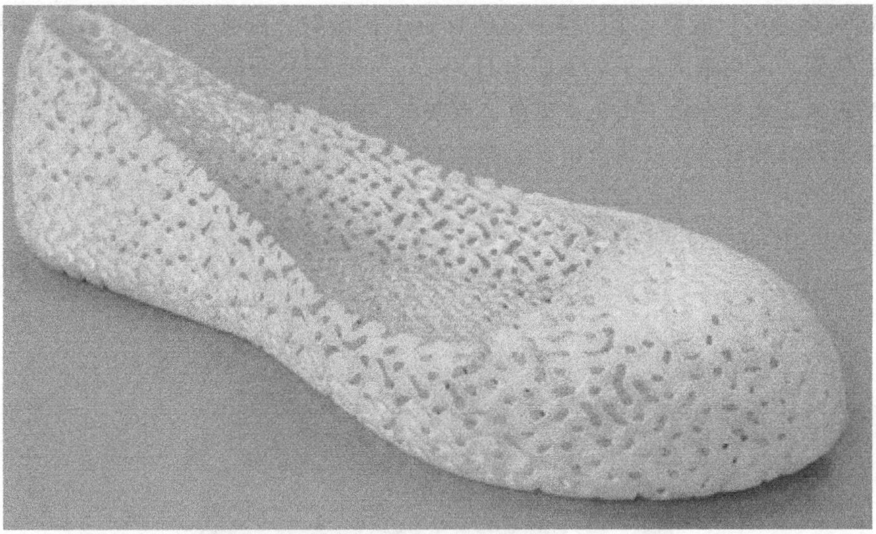

图 2-3　3D 打印的鞋子

(7) ABS-ESD7 防静电塑料材料

ABS-ESD7 是一种基于 ABS-M30 的热塑性工程塑料，具有静电消散性能，可以用于防止静电堆积。ABS-ESD7 主要用于易被静电损坏、降低产品性能或引起爆炸的物体，因为 ABS-ESD7 防止静电积累。因此它不会导致静态震动，也不会造成像粉末、尘土和微粒等微小颗粒在物体表面吸附。该材料是理想的用于电路板等电子产品的包装和运输，广泛用于电子元器件的装配夹具和辅助工具。

(8) 聚碳酸酯（PC）

聚碳酸酯（PC）材料是真正的热塑性材料，具有工程塑料的所有特性。PC高强度，耐高温，抗冲击，抗弯曲，可以作为最终零部件使用，广泛应用于交通工具及家电行业。PC的强度比ABS材料高出60%左右，具有超强的工程材料属性。

(9) 聚对苯二甲酸乙二醇酯-1,4-环己烷二甲醇酯（PETG）

PETG材料是一种透明塑料，也是一种非晶型共聚酯，具有较好的黏性、透明度、颜色、耐化学药剂和抗应力白化能力。其制品高度透明，抗冲击性能优异，特别适合成型厚壁透明制品，可以广泛应用于板片材、高性能收缩膜、瓶用及异型材等市场。

PETG是采用甘蔗乙烯生产的生物基乙二醇为原料合成的生物基塑料。这种材料具有较好的热成型、坚韧性和耐候性，热成型周期短、温度低、成品率高。PETG作为一种新型的3D打印材料，兼具PLA和ABS的优点。在3D打印时，PETG材料的收缩率非常小，并且具有良好的疏水性，无需在密闭空间里储存。

(10) 聚己内酯（PCL）

聚己内酯（PCL）具有良好的生物降解性、生物相容性和无毒性，而被广泛用作医用生物降解材料及药物控制释放体系，如运用于组织工程作为药物缓释系统。

PCL材料是一种可降解聚酯，熔点较低，只有60℃左右。与大部分生物材料一样，人们常常把它用作特殊用途如药物传输设备、缝合剂等，同时PCL还具有形状记忆性。在3D打印中，由于它熔点低，所以并不需要很高的打印温度，从而达到节能的目的。在医学领域，PCL可用来打印心脏支架等。

(11) 树脂材料Somos

Somos 11122看上去更像是真实透明的塑料，具有防水和尺寸稳定性的特点。Somos 11122提供多种类似工程塑料的特性，这些特性使它很适合用在汽车、医药、电子类消费、透镜、包装、流体分析、RTV翻模、耐用的概念模型、风洞试验、快速铸造等，如图2-4所示。

图2-4 液态材料

Somos 19120 材料为粉红色材质，铸造专用材料，成型后直接代替精密铸造的蜡模原型，避免开模具的风险，大大缩短周期，具有低留灰烬和高精度等特点。

Somos Next 材料为白色材质，类 PC 新材料，韧性较好，精度和表面质量更佳，制作的部件拥有最先进的刚性和韧性。

2.2 金属材料

3D 打印所使用的金属粉末一般要求纯净度高、球形度好、粒径分布窄、氧含量低。目前，应用于 3D 打印的金属粉末材料主要有钛合金、钴铬合金、不锈钢和铝合金材料等，此外还有用于打印首饰用的金、银等贵金属粉末材料。

采用金属粉末进行快速成型是激光快速成型由原型制造到快速直接制造的趋势，它可以大大加快新产品的开发速度，具有广阔的应用前景。在金属粉末的选区烧结方法中，常用的金属粉末有以下 3 种。

① 金属粉末和有机黏结剂的混合体，按一定比例将两种粉末混合均匀后进行激光烧结。

② 两种金属粉末的混合体，其中一种熔点较低，在激光烧结过程中起黏结剂的作用。

③ 单一的金属粉末，对单元系烧结，特别是高熔点的金属在较短时间内达到熔融温度，需要很大功率的激光器。直接金属烧结成型存在的最大问题是因组织结构多孔导致制件密度低、力学性能差。

2.2.1 有色金属

有色金属（non-ferrous metal）有狭义和广义之说，狭义的有色金属又称非铁金属，是铁、锰、铬以外的所有金属的统称。广义的有色金属还包括有色合金。有色合金是以一种有色金属为基体（通常大于 50%），加入一种或几种其他元素而构成的合金。

有色金属通常指除去铁（有时也除去锰和铬）和铁基合金以外的所有金属。有色金属可分为重金属（如铜、铅、锌）、轻金属（如铝、镁）、贵金属（如金、银、铂）及稀有金属（如钨、钼、锗、锂、镧、铀）。

（1）钛合金

钛金属外观似钢，具有银灰光泽。钛是一种过渡金属，在过去一段时间内人们一直认为它是一种稀有金属。钛并不是稀有金属，钛在地壳中约占总重量的 0.42%，是铜、镍、铅、锌的总量的 16 倍。钛在金属世界里排行第七，含钛的矿物多达 70 多种。钛强度大，密度小，硬度大，熔点高，抗腐蚀性很强。目前应用于市场的纯钛又称商业纯钛，分为 1 级和 2 级粉体，2 级强于 1 级。因为纯钛 2 级具有良好的生物相容性，因此在医疗行业具有广泛的应用前景。

目前，应用于金属 3D 打印的钛合金主要是钛合金 5 级和钛合金 23 级，因为其优异的强度和韧性，结合耐腐蚀、低相对密度和生物相容性，所以在航空航天和汽车制造中具有非常理想的应用。例如美国国家航空航天局（NASA）用钛金属粉末制作涡轮泵，如图 2-5所示。

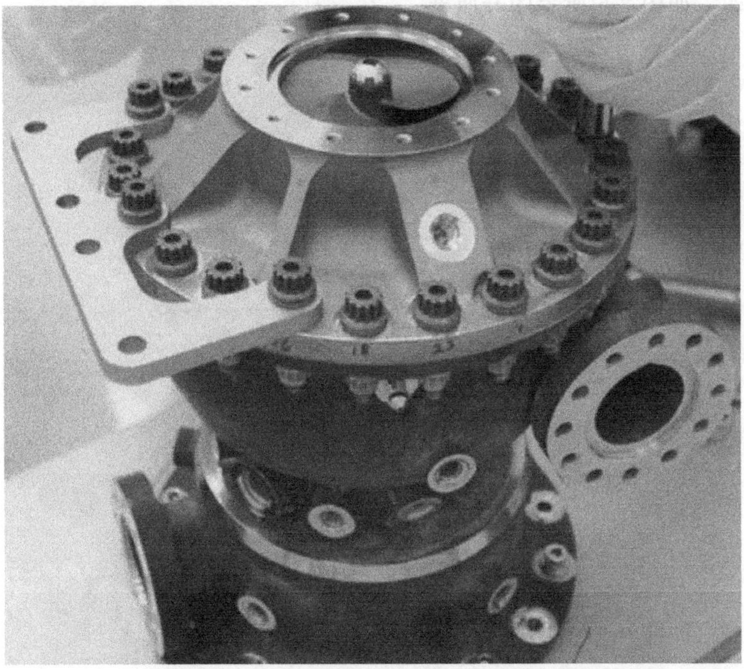

图 2-5 NASA 用钛金属粉末制作的涡轮泵

(2) 镁铝合金

镁铝合金是合金中的一种，一般密度在 1.8g/cm^3 左右，镁铝合金的低密度使其比性能提高。镁铝合金具有很好的强度、刚性和尺寸稳定性。镁铝合金因质轻、强度高的优越性能，在制造业的轻量化需求中得到了大量应用。在 3D 打印技术中，它也成为各大制造商所中意的备选材料。

(3) 铜基合金-青铜粉

应用于市场的铜基合金俗称青铜，具有良好的导热性和导电性，可以结合设计自由度，产生复杂的内部结构和冷却通道，适合冷却更有效的工具插入模具，如半导体器件，也可用于具有壁薄、形状复杂特征的微型换热器。

2.2.2 黑色金属

金属是具有光泽以及良好的导电性、导热性与力学性能，并具有正的电阻温度系数的物质。目前世界上有 86 种金属，通常人们根据金属的颜色和性质等特征，将金属分为黑色金属和有色金属两大类。黑色金属主要指铁及其合金，如钢、生铁、铁合金、铸铁等。

(1) 不锈钢

不锈钢（stainless steel）是不锈耐酸钢的简称。耐空气、蒸汽、水等弱腐蚀介质或具有不锈性的钢种称为不锈钢，而将耐化学腐蚀介质（酸、碱、盐等化学浸蚀）腐蚀的钢种称为耐酸钢。

不锈钢是最廉价的金属打印材料，经 3D 打印出的高强度不锈钢制品表面略显粗糙，且存在麻点。不锈钢具有各种不同的光面和磨砂面，常被用作珠宝、功能构件和小型雕刻品等的 3D 打印，如图 2-6 所示的开瓶器。

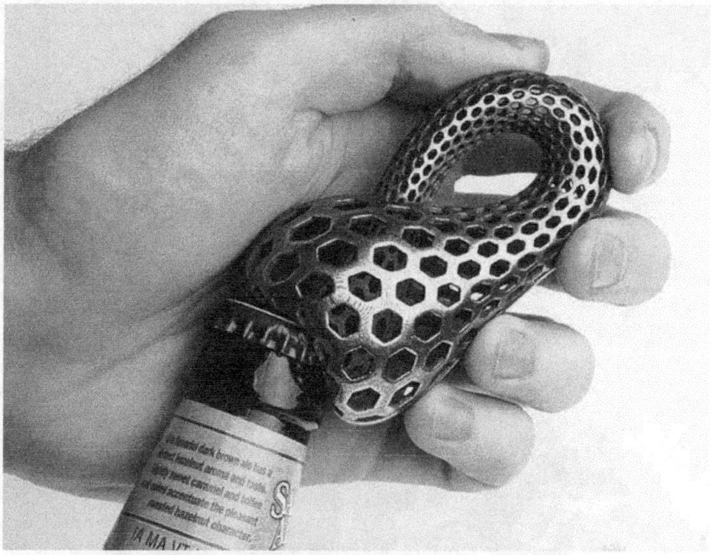

图 2-6　不锈钢材料 3D 打印的开瓶器

（2）高温合金

高温合金具有优异的高温强度、良好的抗氧化性和抗热腐蚀性能、良好的疲劳性能和断裂韧性等综合性能，已成为军民用燃气涡轮发动机热端部件不可替代的关键材料。

高温合金因强度高、化学性质稳定、不易成型加工和传统加工工艺成本高等因素已成为航空工业应用的主要 3D 打印材料。随着 3D 打印技术的长期研究和进一步发展，3D 打印制造的飞机零件因加工的工时和成本优势已得到了广泛的应用，如图 2-7 所示的叶片。

图 2-7　高温合金材料打印的叶片

2.3 陶瓷材料

陶瓷材料具有高强度、高硬度、耐高温、低密度、化学稳定性好、耐腐蚀等优异特性，在航空航天、汽车、生物等行业有着广泛的应用。3D 打印的陶瓷制品不透水、耐热（可达 600℃）、可回收、无毒，但其强度不高，可作为理想的炊具、餐具（杯、碗、盘子、蛋杯和杯垫）和烛台、瓷砖、花瓶、艺术品等，如图 2-8 所示的 3D 打印陶瓷威士忌酒杯。

图 2-8 3D 打印陶瓷威士忌酒杯

但由于陶瓷材料硬而脆的特点使其加工成型尤其困难，特别是复杂陶瓷件需通过模具来成型，模具加工成本高、开发周期长，难以满足产品不断更新的需求。选择性激光烧结陶瓷粉末是在陶瓷粉末中加入黏结剂，其覆膜粉末制备工艺与覆膜金属粉末类似，被包覆的陶瓷可以是 Al_2O_3、ZrO_2 和 SiC 等。黏结剂的种类很多，有金属黏结剂和塑料黏结剂（包括树脂、聚乙烯蜡、有机玻璃等），也可以使用无机黏结剂。其主要用途如下。

① 将陶瓷粉末及黏合剂按一定的比例混合均匀烧结，经二次烧结处理工艺后获得铸造用陶瓷型壳，用该陶瓷型壳进行浇注即获得制作的金属零件。

② 可以直接制造工程陶瓷制件，烧结后再经热等静压处理，零件最后相对密度高达 99.9%，在工业方面可用于含油轴承等耐磨、耐热陶瓷零件。

2.4 材料的生产方法

2.4.1 丝材挤出成型

挤出成型是使高聚物的熔体（或黏性流体）在挤出机的螺杆或柱塞的挤压作用下通过一定形状的口模而连续成型，所得的制品为具有恒定断面形状的连续型材。挤出成型工艺是塑料型材的主要成型工艺之一。挤出模具包括机头和定型套，挤塑制品的截面形状和尺寸取决于机头上安装的口模。

(1) 挤出成型特点

生产效率高，可连续操作、适用范围广，产品品种多；原料体系可以是塑料、橡胶、纤维，可生产品种有管材、棒材、板材、丝材、异型材等；可应用于石油、天然气输送、建材、服装等，同时设备投资少、生产技术容易掌握。

(2) 挤出成型设备

挤出成型设备一般是由挤出机、机头和口模、辅机等几部分组成的，如图 2-9 所示。单丝挤出成型流程如图 2-10 所示。

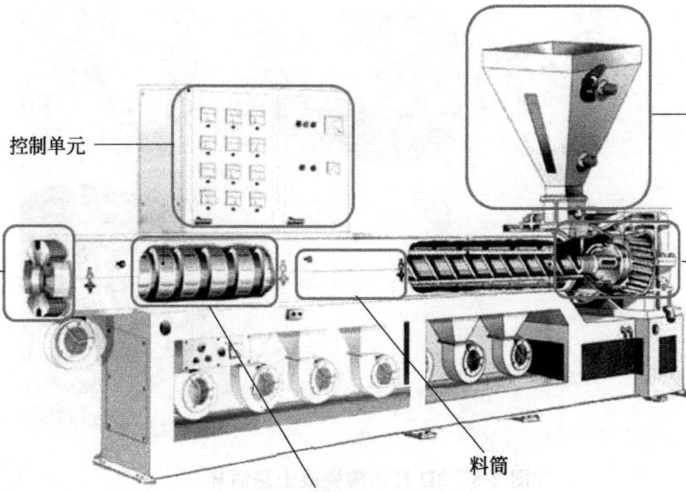

图 2-9 挤出成型设备

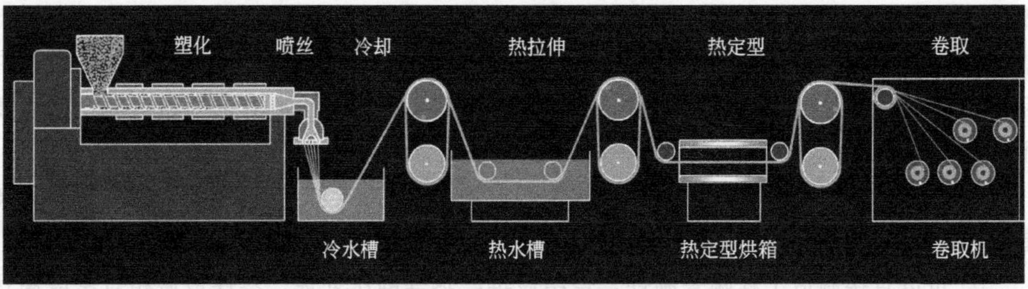

图 2-10 单丝挤出成型流程

2.4.2 粉末制造方法

从过程的实质来看，现有制粉方法大体上可归纳为两大类，即机械法和物理化学法。机械法是将原材料机械粉碎，而化学成分基本上不发生变化；物理化学法是借助化学或物理的作用，改变原材料的化学成分或聚集状态而获得粉末。

粉末的生产方法很多，从工业规模而言，应用比较广泛的是还原法、雾化法和电解法，而气相沉积法和液相沉淀法在特殊应用时亦很重要。

(1) 机械粉碎法

利用粉碎工艺得到的塑料粉末是绝大多数塑胶都可以实现的，有些塑料在常温下通过粉碎机的摩擦、撞击、撕裂等得到 200μm 的细粉，如玻璃化温度比较高的塑料。但大多数塑料在粉碎过程中产生的热量足以将其熔融并重新黏结在一起，对粉碎带来困难，如需要得到更细的塑料粉末就很困难了。

通过低温粉碎方法粉碎塑料可以达到粉碎的要求。低温粉碎的可行性：通过冷媒将塑料降到其脆化温度以下，同时保证在粉碎过程中有足够的冷媒带走其分裂过程中产生的热量，以达到粉碎要求。在低温深冷粉碎环境中采用撞击法粉碎的塑料是现在高品质要求的趋向。

(2) 快速冷凝雾化制粉技术

作为粉末冶金新技术，第一个引人注目的技术就是快速凝固制粉技术。快速冷凝制取金属粉末是指金属或合金的熔滴通过急剧冷却，形成非晶、准晶和微晶金属粉末的技术。它的出现无论对粉末合金成分的设计还是对粉末合金的微观结构以及宏观特性都产生了深刻影响，它给高性能粉末冶金材料制备开辟了一条崭新道路，有力地推动了粉末冶金的发展。

① 流体雾化法。通过高速、高压的工作介质流体对熔体流的冲击把熔体分离成很细的熔滴，并通过对流的方式散热而实现快速冷却凝固。熔体的冷却速度主要由工作介质的密度、熔体和工作介质的传热能力、熔滴的直径决定，而熔滴的直径由熔体过热温度、熔体流直径、雾化压力和喷嘴设计等雾化参数控制。

液体雾化法主要包括水雾化法、气体雾化法、超声气体雾化法和高速旋转筒雾化法，具体方法可以查看挤出成型专业书籍，本书不做详细介绍。

② 离心雾化法。离心雾化法主要包括快速凝固雾化法和旋转电极雾化法。在离心雾化法中，熔体在旋转衬底的冲击和离心力的作用下雾化，同时通过传导和对流的方式传热。其优点是生产效率高，可以连续运作，适用于大批量生产。

③ 机械雾化和其他雾化法。这类雾化方法是通过机械力的作用或者电场力等其他作用分离和雾化熔体并冷凝成粉末。双辊雾化法（twin roll atomization）是熔体流在喷入高速相对旋转的辊轮间隙时形成空穴并被分离成直径小至 30μm 的熔滴，雾化的熔滴可经气流、水流或固定于两辊轮间隙下方的第三个辊轮冷却凝固成不规则的粉末或薄片。

(3) 气相法制粉技术

超微粉末在使用过程中必须具有以下特点：粉末颗粒表面洁净、粉末的粒径和粒径分布可以控制，同时粉末的稳定性要好，易于储存。

气相法是制备超微粉末的有效方法，主要特点是：粉末的生成（反应）条件易于调节，可以控制超微粉末的粒度，粉末的纯度高。气相法制备超微粉末技术分为两大类：一类是蒸发凝聚法，另一类是气相化学反应法。采用气相法制备超微粒子时，无论采用哪种具体工艺，都会涉及气相中粒子形核、晶核长大、凝聚等一系列粒子生长基本过程，具体可以查阅专业书籍。

2.5 材料发展趋势

未来 3D 打印材料和技术是互相促进、互相发展的一个过程，从美国的材料基因组计划到中国的材料基因组计划都可以看出，未来的材料要向高性能金属粉末材料发展。

（1）高性能金属粉末成为最主要的3D打印材料

3D打印材料中以金属粉末应用市场最为广阔。因此，直接用金属粉末烧结、熔凝成型三维零件是快速成型制造最终目标之一。而随着3D打印技术的成熟，金属材料的形态可能会越来越丰富，如粉状、丝状、带状。金属材料将在生物医学、航空航天等领域具有广阔的应用前景和生命力。

根据不同的用途，金属材料制备的工件要求强度高、耐腐蚀、耐高温、密度小、具有良好的可烧结性等。同时，还要求材料无毒、环保；性能稳定，能够满足打印机持续可靠运行。材料功能越来越丰富，例如现在已对部分材料提出了导电、水溶、耐磨等要求。

（2）3D打印材料的成本不断下降

材料的使用性能、工艺性能不但要好，还有最重要的是经济性要好，简单说就是成本低，客户用得起。否则，很难在市场上大规模推广及应用。原材料价格降低的途径只能是关键技术的突破，但这难度比较大，在一些特殊领域要求非常高。比如在医学应用领域要做到无毒无害的同时还要做到生物相容性等，技术要求非常复杂。金属粉末的制备技术，即独特的雾化工艺和雾化制粉设备也都是难点，没有大量的研发攻关很难解决。

（3）3D打印材料的国产化

目前材料价格高的主要原因是国外的专利和垄断，还有一个原因是国内需求量比较少。随着我国高端制造业的升级发展，国产化将会成为趋势。随之带来的首要变化必将是材料企业向技术含量更高、产品附加值更高的水平发展。

第3章 3D设备的组装

3.1 3D打印机系统组成

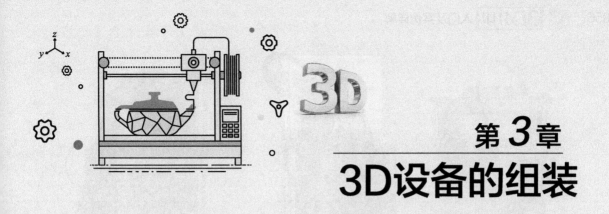

不同的3D打印技术有不同的组成对象，本章主要介绍一款简易型桌面FDM打印设备的组装过程。一般3D设备由电子、机械及软件三个部分组成。

① 电子部分。电子部分可以理解为软件和机械部分的桥梁，主要对软件生成的指令和数据缓存，对电动机的控制、温度的控制等。软件生成的坐标指令由电子部分中的控制元件进行机械部件的控制，保证运动轨迹（位置），以达到精确打印的目的。

② 机械部分。机械部分是执行打印命令的定位部分，由电动机、支架、同步轮、传送带等组成了*XYZ*空间轴，软件部分生成的打印坐标就由此定位。

③ 软件部分。简单来说，3D打印机是通过软件对3D模型分割成无数切片层，这些层的厚度基本等于3D打印机的精度，然后生成无数个打印的坐标命令供机械部分执行。

3.2 3D打印机的工作环境

3D打印机的工作环境视不同的打印成型技术和生产商的要求进行确定，如3D Systems公司生产的MJP 2500机器的工作环境就需要温度控制在18～28℃、湿度控制在30%～70%，电源供应220V/16A的独立电闸。而本章组装的桌面打印机设备则对工作环境没有要求，只需提供220V的插座电源就行了。

3.3 3D打印机的组装与调试

3D打印机有许多的类型，本节以简易桌面型FDM打印设备为例，详细介绍其组装与调试的过程，装配结果如图3-1所示。

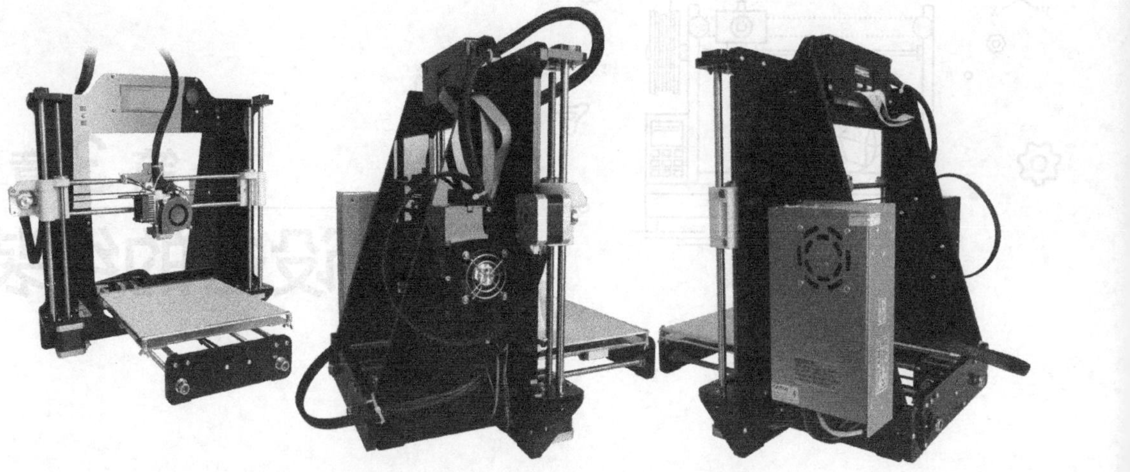

图 3-1 简易桌面型 FDM 打印设备装配结果

3.3.1 3D 打印机械部分组装

简易桌面型 FDM 打印机的包装清单如表 3-1 所示，拆封后如图 3-2 所示。

表 3-1 包装清单

第一层(亚克力板)			
零件名称	数量	单位	
主龙门板	1	PCS	□□
左侧板	1	PCS	□□
右侧板	1	PCS	□□
Z 轴电动机安装座	2	PCS	□□
Z 轴电动机座支撑架	4	PCS	□□
顶上固定块	2	PCS	□□
料架	3	PCS	□□
顶上压块	2	PCS	□□
Y 轴电动机安装座	1	PCS	□□
Y 轴电动机安装底座	1	PCS	□□
X 轴限位座	1	PCS	□□
Y 轴前板	1	PCS	□□
Y 轴后板	1	PCS	□□
LCD 屏后盖板	1	PCS	□□
Y-光轴固定块	4	PCS	□□
PCB 上盖板	1	PCS	□□
PCB 下盖板	1	PCS	□□
PCB 左盖板	1	PCS	□□
PCB 风扇盖板	1	PCS	□□

续表

第二层			
主板	1	PCS	□□
电源	1	PCS	□□
Z 轴丝杆电动机	2	PCS	□□
步进电动机	3	PCS	□□
底部滑块安装板	1	PCS	□□
加热热床板	1	PCS	□□
电源红黑线	2	条	□□
AC 电源线	1	条	□□
LCD 屏＋线	1	PCS	□□
第三层			
X 轴电动机座	1	PCS	□□
X 轴电动机被动座	1	PCS	□□
Y 轴皮带夹	1	PCS	□□
进料弹簧座	1	PCS	□□
进料轴承座	1	PCS	□□
鼓风风扇座	1	PCS	□□
Y 轴电动机被动座	1	PCS	□□
Y 轴限位安装夹	1	PCS	□□
喷头套件	1	PCS	□□
693 带边轴承	4	PCS	□□
623 轴承	1	PCS	□□
箱式轴承	6	PCS	□□
同步带	2	PCS	□□
挤出齿轮	1	PCS	□□
同步轮	2	PCS	□□
散热片	1	PCS	□□
电动机安装铝块	1	PCS	□□
铝件安装板	1	PCS	□□
风扇	1	PCS	□□
鼓风风扇	1	PCS	□□
排风风扇	1	PCS	□□
风扇网罩	1	PCS	□□
限位开关	3	PCS	□□
电源插座	1	PCS	□□
电源开关	1	PCS	□□
光轴	2×368mm	根	□□
	2×370mm	根	□□
	2×320mm	根	□□
丝杆	1×130mm	根	□□
	2×400mm	根	□□

续表

螺钉			
零件名称	数量	单位	
M2 螺母	4	PCS	□□
M2×10 螺钉	6	PCS	□□
M2×20 螺钉	2	PCS	□□
M3 螺母	64	PCS	□□
M3 垫片	50	PCS	□□
M3 弹簧垫片	4	PCS	□□
M3 顶丝	2	PCS	□□
M3×6 平头螺钉	3	PCS	□□
M3×10 螺钉	24	PCS	□□
M3×16 螺钉	56	PCS	□□
M3×20 螺钉	22	PCS	□□
M3×30 螺钉	4	PCS	□□
M3×40 螺钉	3	PCS	□□
M4 螺母	2	PCS	□□
M4×6 螺钉	13	PCS	□□
M4×10 螺钉	8	PCS	□□
M4×16 螺钉	2	PCS	□□
M8 螺母	8	PCS	□□
M8 自锁	4	PCS	□□
M8 垫片	12	PCS	□□
M8 弹簧垫片	12	PCS	□□
5mm 通光柱	9	PCS	□□
7mm 通光柱	4	PCS	□□
热床弹簧(短)	4	PCS	□□
挤出弹簧(长)	1	PCS	□□
蝶形螺母	4	PCS	□□
工具箱			
零件名称	数量	单位	
9mm 高温胶	1	PCS	□□
剪钳	1	PCS	□□
试机耗材	1	米	□□
黑色套线管	1	PCS	□□
扎带(白)	15	条	□□
13/14 号扳手	2	把	□□
2.5mm/2mm/1.5mm 内六角扳手各 1	3	把	□□
卷尺	1	PCS	□□

续表

工具箱			
零件名称	数量	单位	
50mm 美纹纸	1	个	□□
铲刀	1	把	□□
USB 线	1	PCS	□□
SD(2G)卡	1	个	□□
读卡器	1	个	□□

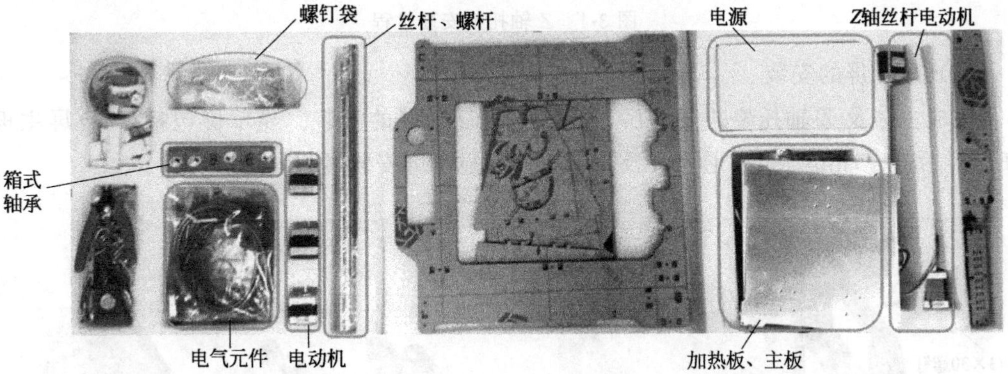

图 3-2　简易桌面型 FDM 打印机包装

(1) 主体及 Z 轴托架的安装

简易桌面型打印机的主体对象包括主龙门板、左右侧板及相应配件，安装示意如图 3-3所示。安装好主体后，接着在主体上安装 Z 轴主机托架。

Z 轴电动机托架包括 Z 轴电动机安装座、Z 轴电动机安装支撑架及相应配件，安装过程如图 3-4 所示，利用相同方法完成另一侧的安装。

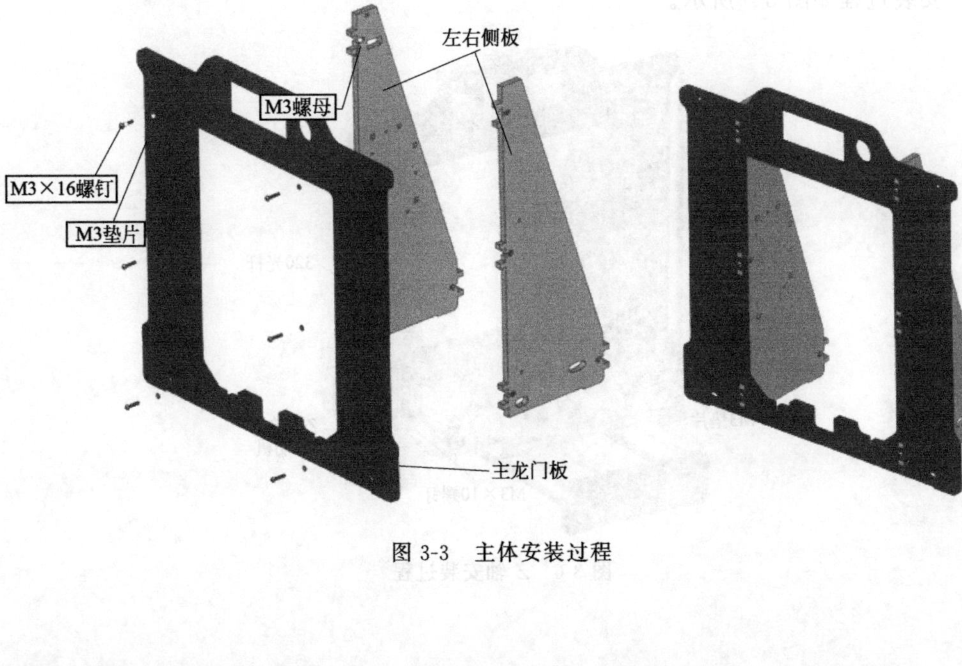

图 3-3　主体安装过程

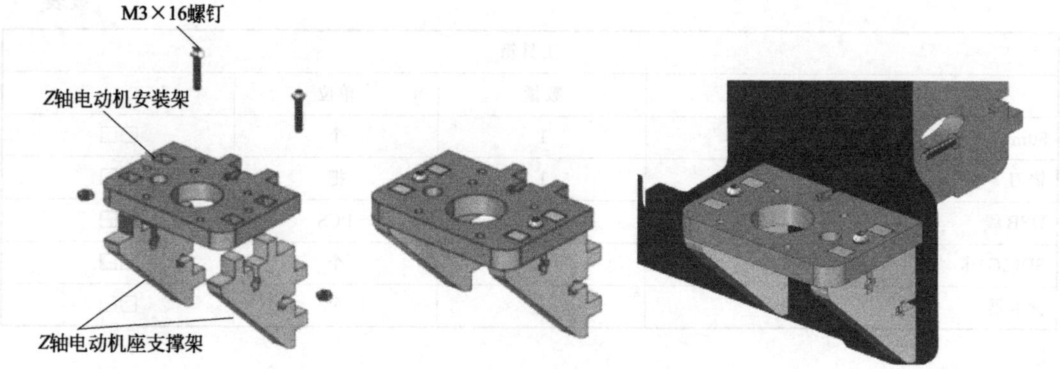

图 3-4　Z 轴托架安装过程

（2）显示屏的安装

完成主体及 Z 轴托架的安装后，接着完成显示屏的安装。显示屏包括 LED 屏主板、LED 屏后盖、7mm/5mm 通光柱及相应配件。显示屏安装过程如图 3-5 所示。

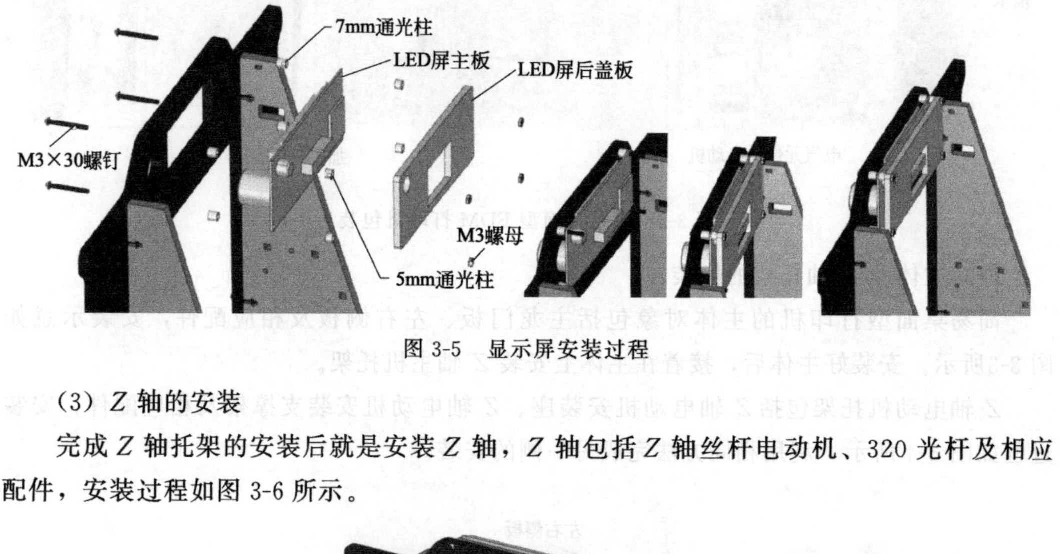

图 3-5　显示屏安装过程

（3）Z 轴的安装

完成 Z 轴托架的安装后就是安装 Z 轴，Z 轴包括 Z 轴丝杆电动机、320 光杆及相应配件，安装过程如图 3-6 所示。

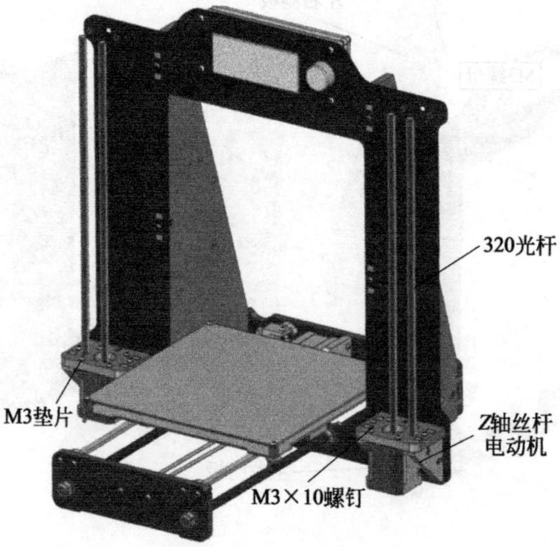

图 3-6　Z 轴安装过程

(4) Y 轴结构对象的安装

① Y 轴电动机的安装。完成显示屏安装后，主体的组装结束，接下来组装的是打印机底座。底座的装配包括 Y 轴结构对象的安装及底板结构对象的安装。下面先完成 Y 轴电动机的装配。

Y 轴电动机包括电动机、同步轮、Y 轴电动机安装座、Y 轴电动机安装底座及相应配件，安装过程如图 3-7 所示。

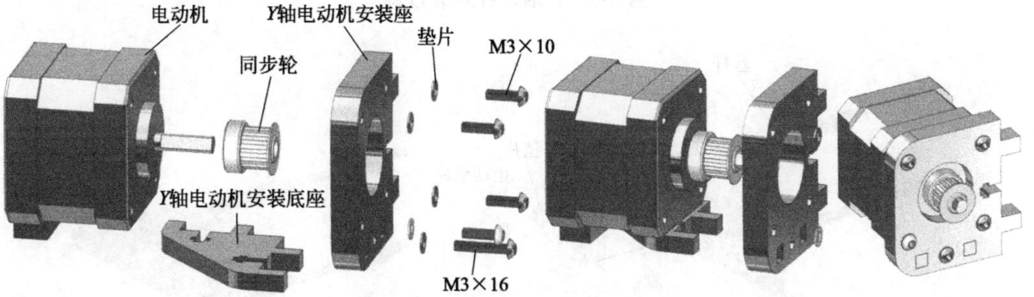

图 3-7 Y 轴电动机安装过程

② Y 轴后板的安装。完成好 Y 轴电动机后将它组装到 Y 轴后板上，Y 轴后板包括 Y 轴后板、Y 轴电动机、电源插座、Y-光轴固定块及相应配件，安装过程如图 3-8 所示。

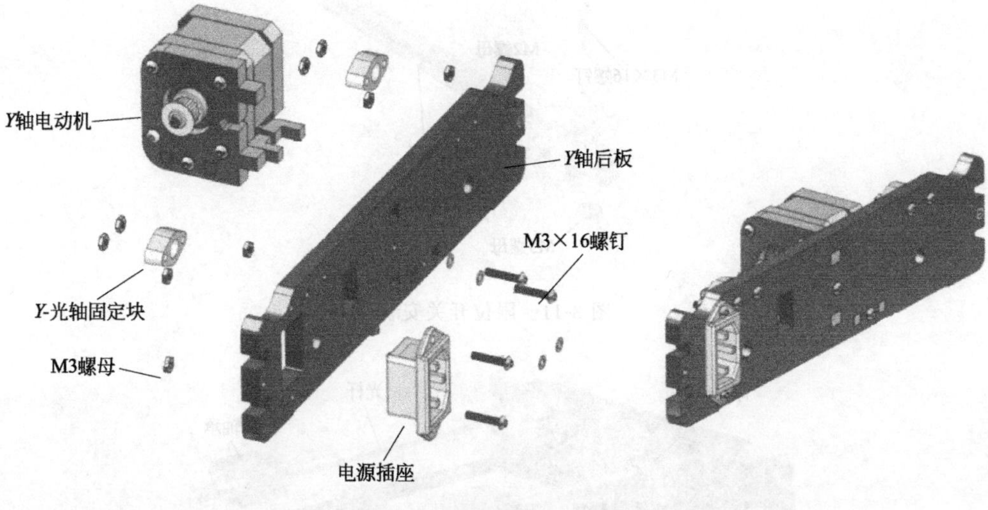

图 3-8 Y 轴后板安装过程

③ Y 轴丝杆组装与后板连接。后板与电动机组装好后，接着就是 Y 轴丝杆的组装，Y 轴丝杆包括 M8×400 丝杆及相应配件，安装过程如图 3-9 所示。

Y 轴丝杆装配好就要和 Y 轴的后板进行装配，装配的包括 Y 轴丝杆、Y 轴后板、电源开关及相应配件，安装过程如图 3-10 所示。

④ 打印活动支架的安装。后板连接好后接着就可以安装打印活动支架，先完成 Y 轴限位开关的安装（图 3-11），再完成轴、箱式轴承及相应配件的安装，安装过程如图 3-12 所示。

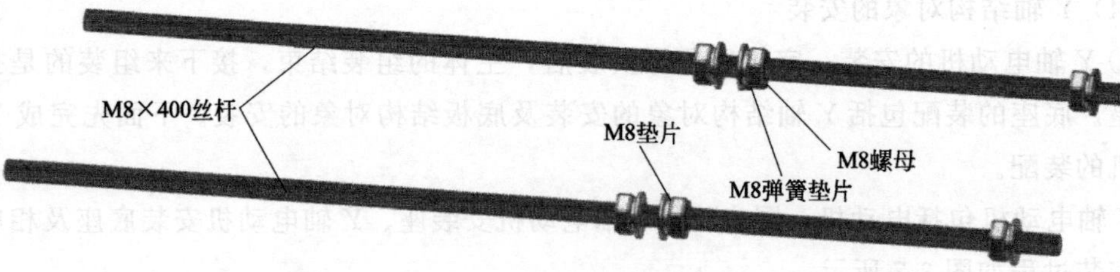

图 3-9　Y 轴丝杆安装过程

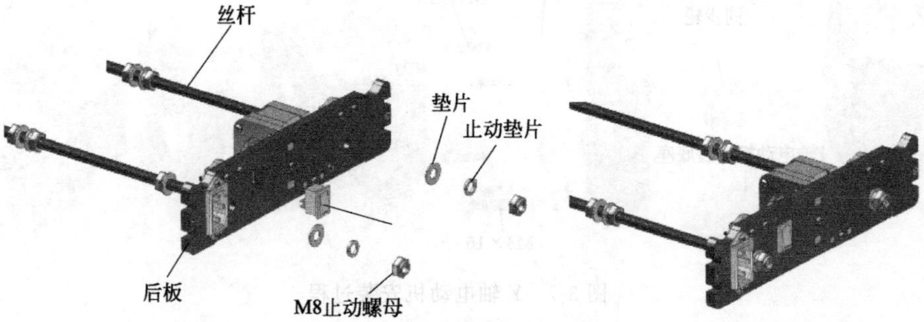

图 3-10　Y 轴丝杆与后板连接结果

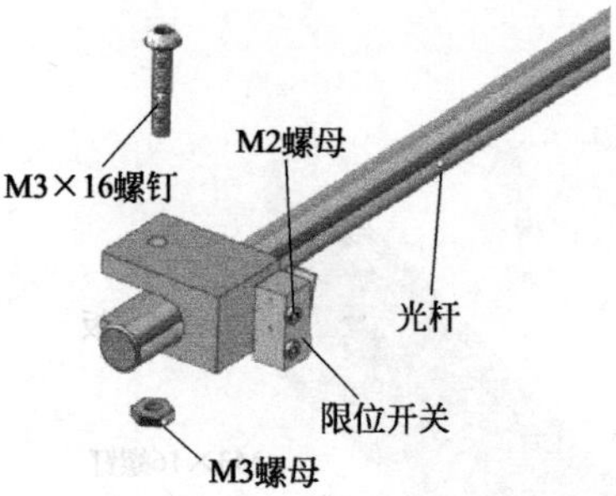

图 3-11　限位开关安装

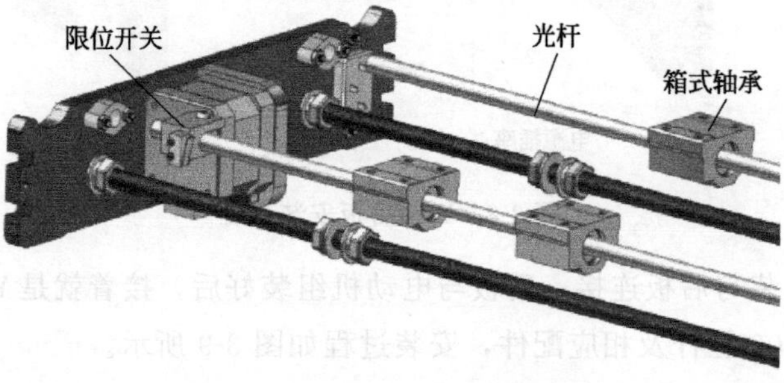

图 3-12　打印活动支架安装结果

⑤ Y 轴前板的安装。完成后板及打印活动支架的安装后，接下来就是安装前板。前板包括 Y 轴前板、Y 轴电动机被动座、693 带边轴承及相应配件，安装过程如图 3-13 所示。

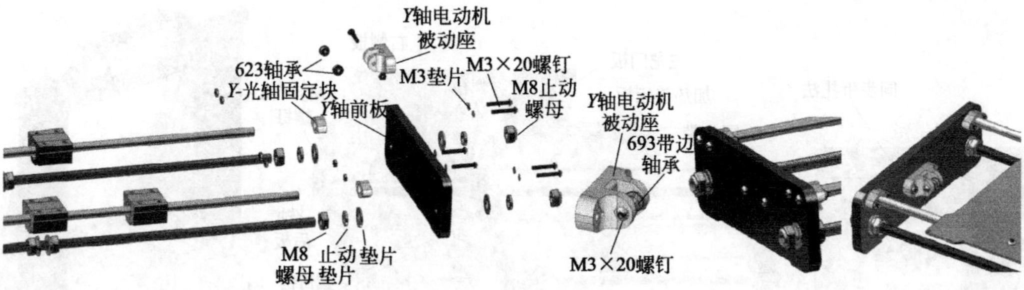

图 3-13 Y 轴前板安装过程

（5）打印平台及同步带的安装

① 滑块板的安装。完成 Y 轴结构的安装后，接下来就是安装打印平台。首先是安装底部滑块板，滑块板包括底部滑块安装板、同步带导向块及相应配件，安装过程如图 3-14 所示。

② 加热热床板的安装。滑块板安装完毕后，接着就是安装加热热床板，加热热床包括加热热床板、热床弹簧（短）及相应配件，安装过程如图 3-15 所示。

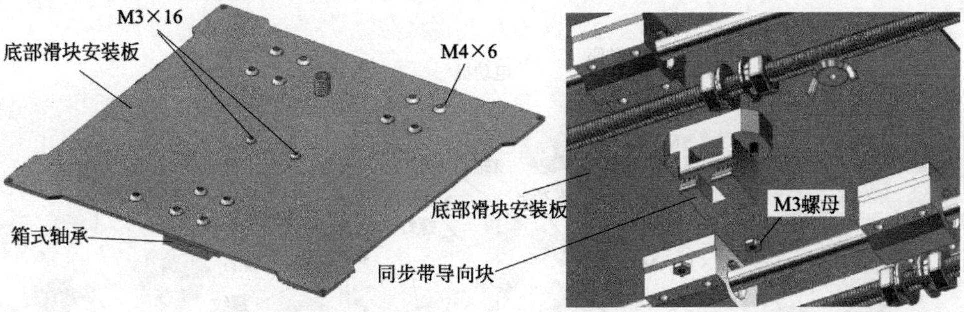

图 3-14 底部滑块板安装过程

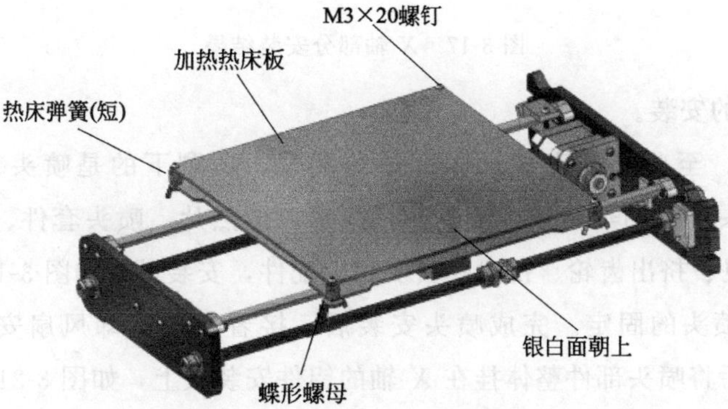

图 3-15 加热热床板安装过程

③ 安装同步带与主体与底座组合。加热热床板安装完成后，接着就是同步带的安装。由于同步带配得比较长，需要按要求裁剪同步带，同时利用塑料扎带对同步带进行扎紧。完成同步带的安装后就需要对底座及主体进行组合，最终结果如图 3-16 所示。

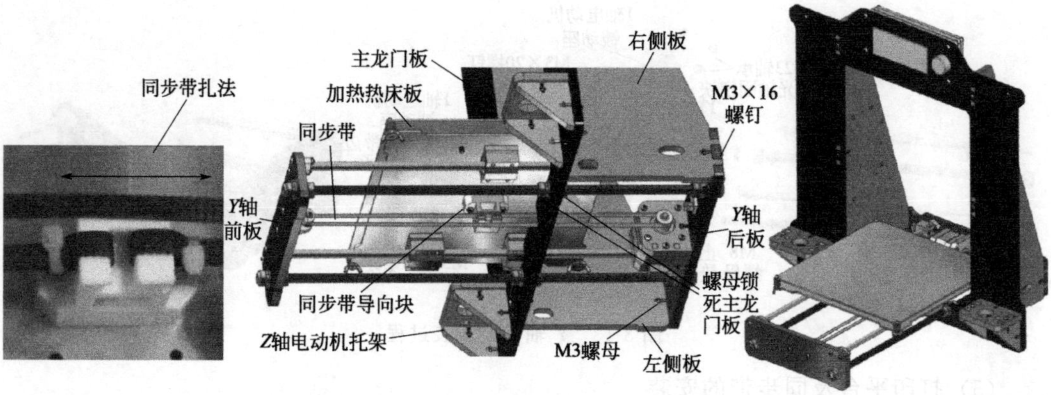

图 3-16 同步带与底座与主体安装结果

(6) *X* 轴部件及喷头的安装

① *X* 轴部件的安装。完成上述零件的组装后，接来下就是 *X* 轴部分的安装，包括限位开关、限位座、*X* 轴电动机、箱式轴承等，安装过程如图 3-17 所示。将安装好的 *X* 轴装入 *Z* 轴，需要注意的是光轴配合 *X* 的轴承，丝杆配合螺纹定位环，结果如图 3-18 所示安装。

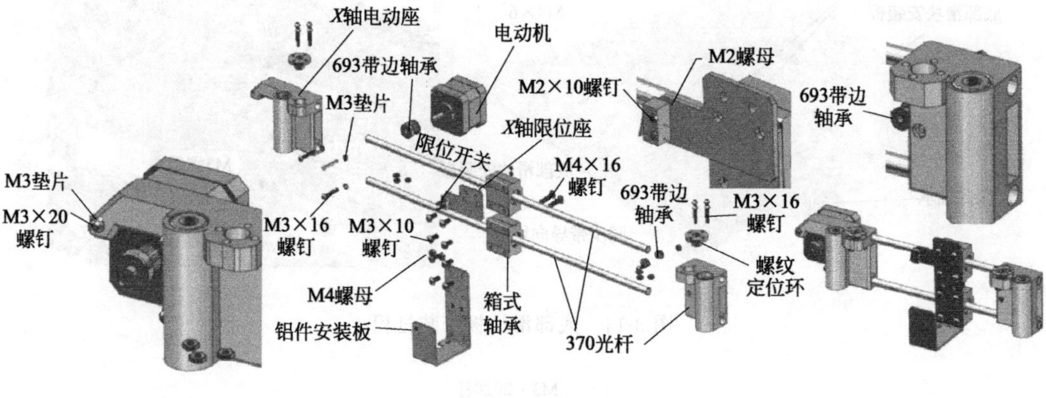

图 3-17 *X* 轴部分安装结果

② 喷头部件的安装。

a. 喷头安装。至此已经完成了大部分的装配，还剩下的是喷头、鼓风扇、电源、PCB 与接线。喷头包括加热铝块、喷嘴、排风扇、散热片、喷头套件、进料轴承座、进料弹簧座、电动机、挤出齿轮、挤出弹簧及相应配件，安装过程如图 3-19 所示。

b. 鼓风扇与喷头的固定。完成喷头安装后，接着完成冷却风扇安装，安装过程如图 3-20所示。最后将喷头部件整体挂在 *X* 轴的铝件安装板上，如图 3-21 所示。

(7) 固定 *Z* 轴与 *X* 轴同步带的安装

完成上述安装后，现在就需要把 *Z* 轴固定好，在此需要用到顶上固定块、顶上压块及相应配件，结果如图 3-22 所示。固定好 *Z* 轴，*X* 轴就剩下一个同步带没有安装。需要注意的是，同步带穿过电动机同步轮与被动座相连并扎紧在电动机安装铝块上。同步带的扎法如图 3-23 所示。

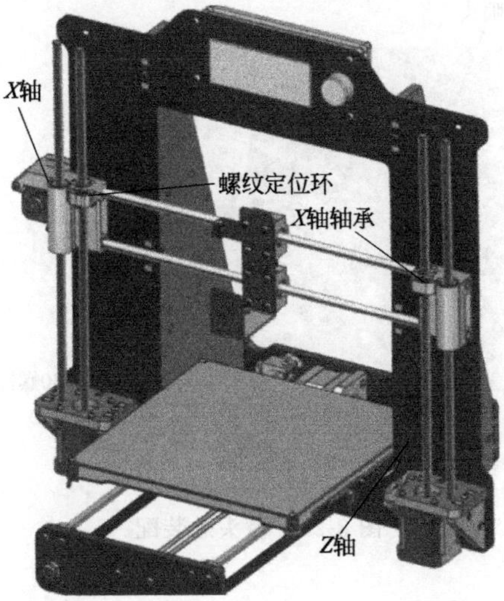

图 3-18 X 轴装入 Z 轴丝杆结果

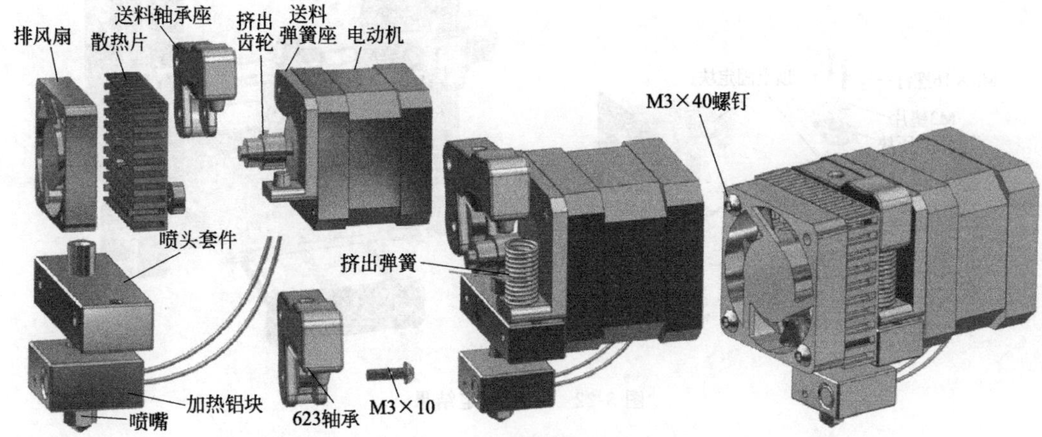

图 3-19 喷头安装结果

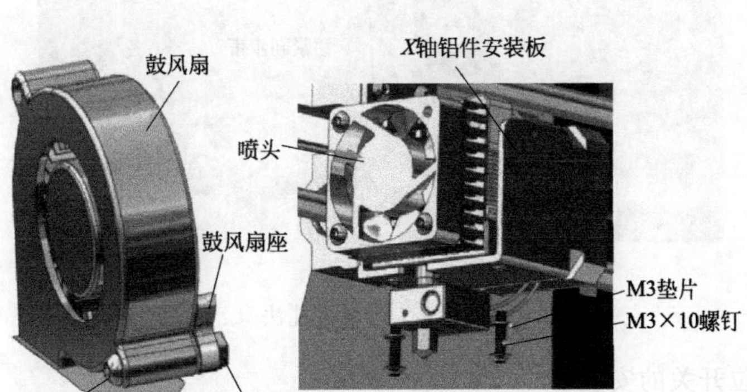

图 3-20 鼓风扇拼装过程

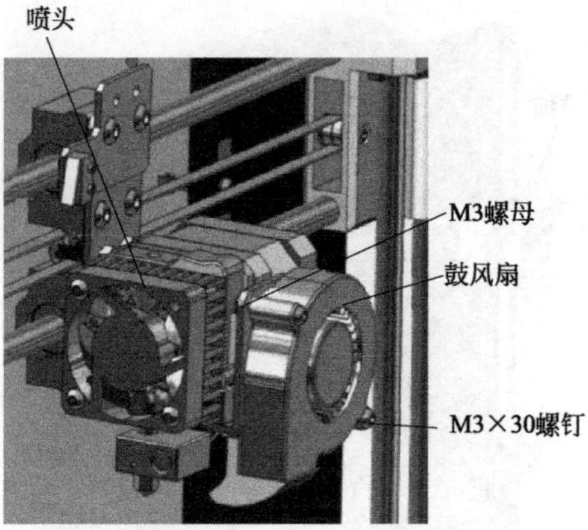

图 3-21　喷头总装配

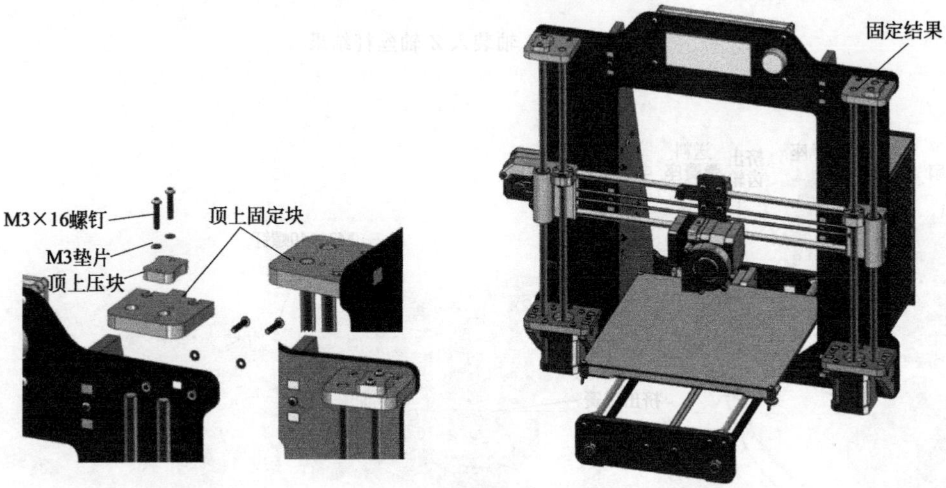

图 3-22　*Z* 轴固定结果

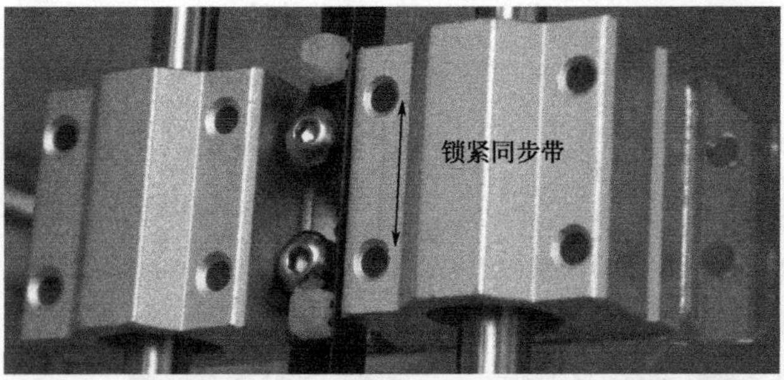

图 3-23　同步带扎法

(8) *Z* 轴限位开关的安装

Y、*X* 轴的限位开关都已经安装好，接下来安装最后一个 *Z* 轴的限位开关，包括限位开关、5mm 通光体及相应配件，安装过程如图 3-24 所示。

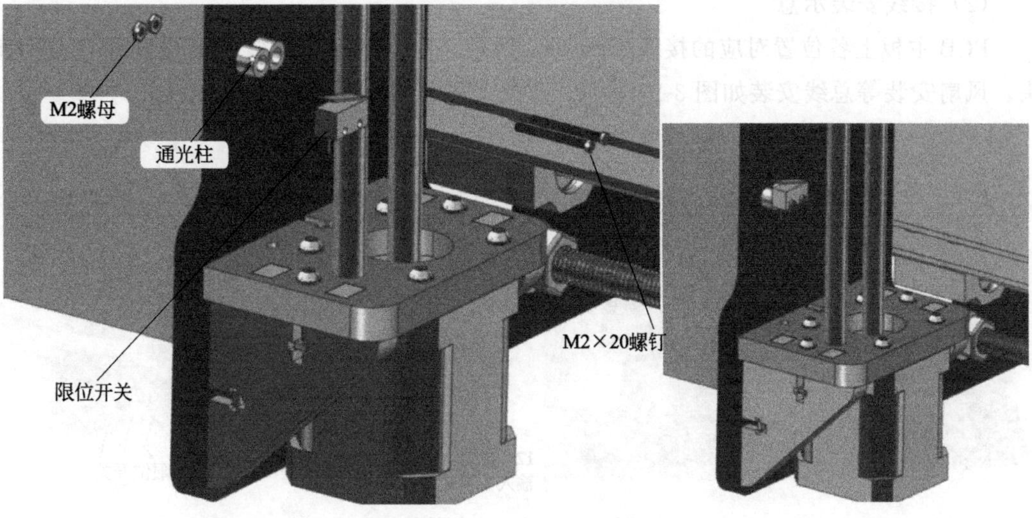

图 3-24 Z 轴限位安装过程

3.3.2 3D 打印电气部分安装

(1) 主板及电源的安装

在右侧板上安装主板，主板安装包括主板、5mm 通光体、PCB 上/下/左端盖、PCB 风扇盖板、风扇、风扇网罩及相应配件，安装过程如图 3-25 所示。最后在左侧板上安装电源，如图 3-26 所示安装。

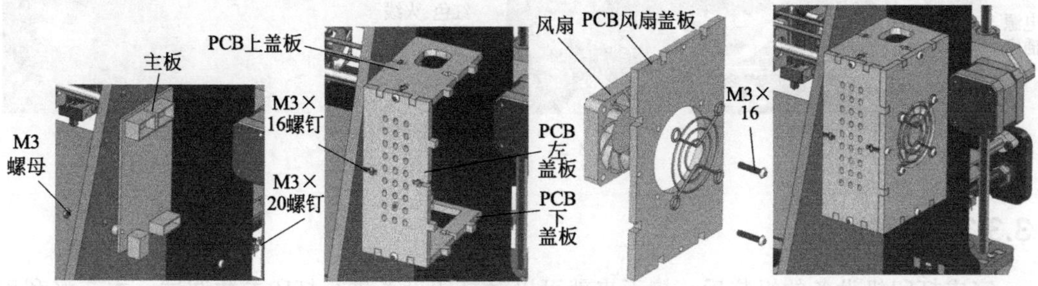

图 3-25 主板安装过程

图 3-26 主电源安装结果

(2) 接线安装示意

PCB 主板上各位置对应的接线如图 3-27 所示，电源上的接线如图 3-28 所示，打印喷头、风扇安装等总线安装如图 3-29 所示，最终组装结果如图 3-30 所示。

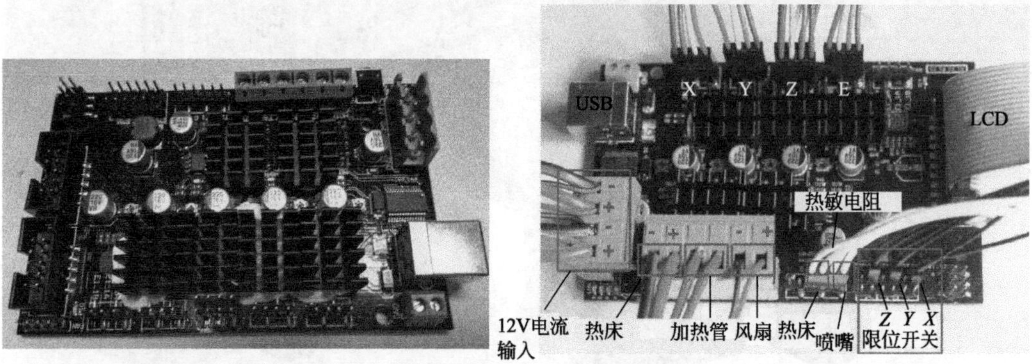

图 3-27 PCB 主板接线

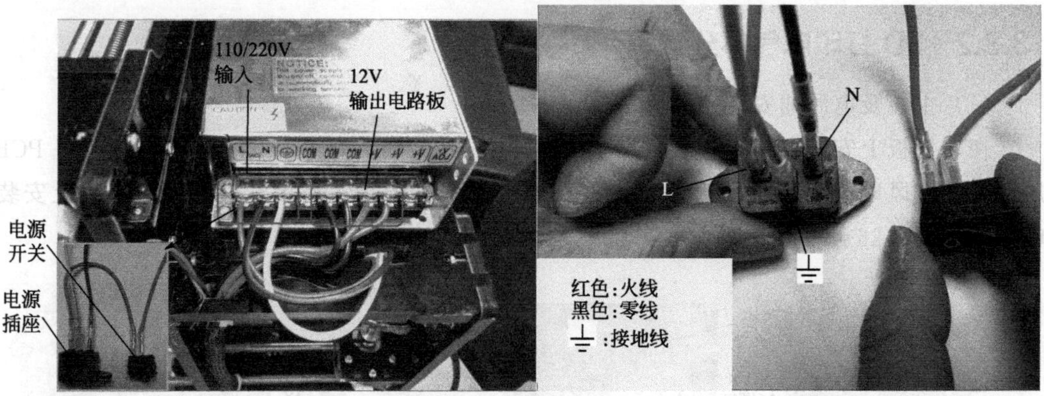

图 3-28 电源接线

3.3.3 打印调试

完成打印机设备的组装后，接下来就可以对打印设备进行打印参数调试。本节将利用 Repetier-Host 软件对打印设备进行调试。Repetier-Host 是一款操作简单，将生成 Gcode 以及打印机操作界面集成到一起的软件；另外可以通过调用外部生成 Gcode 的配置文件，很适合初学者使用，尤其是手动控制的操作界面，用户可以很方便地实时控制打印机。

(1) 打印机设置

在桌面双击 Repetier-Host 软件图标按钮，系统弹出 Repetier-Host 软件界面，如图 3-31 所示。接着在右上角处单击按钮，系统弹出【打印机设置】对话框，如图 3-32 所示。

① 在【通讯端口】下拉选项选择 COM3 端口，在【通讯波特率】下拉选项选择 115200 选项，在【接收缓存大小】文本框中输入 63。

② 在【打印机设置】对话框中单击【打印机形状】，接着在【打印区域高度】文本框中输入 180，其余参数按系统默认，单击 确定 按钮完成打印机设置。

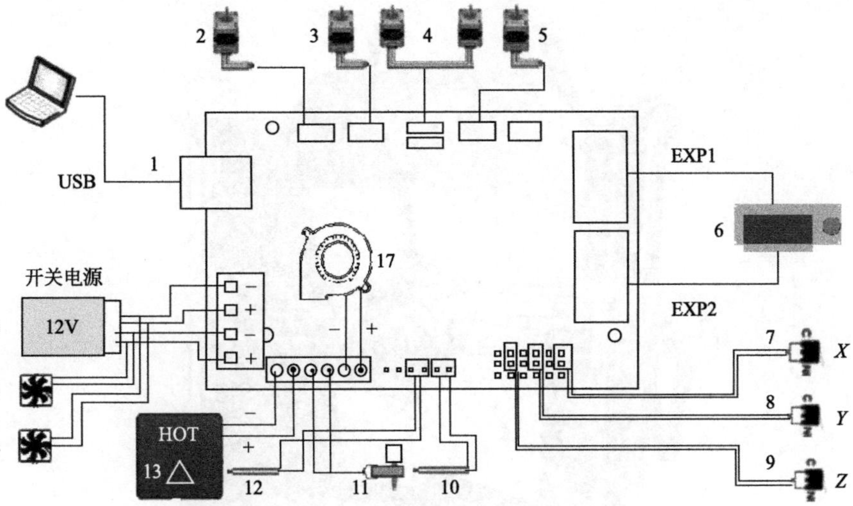

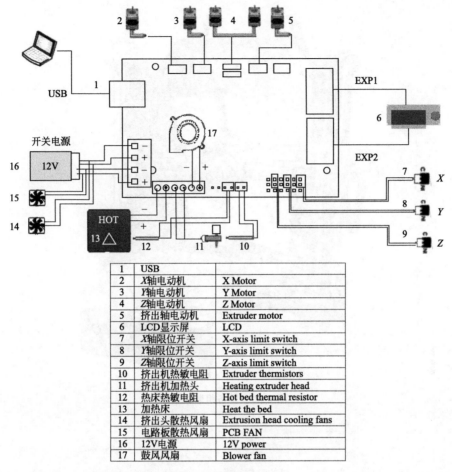

1	USB	
2	X轴电动机	X Motor
3	Y轴电动机	Y Motor
4	Z轴电动机	Z Motor
5	挤出轴电动机	Extruder motor
6	LCD显示屏	LCD
7	X轴限位开关	X-axis limit switch
8	Y轴限位开关	Y-axis limit switch
9	Z轴限位开关	Z-axis limit switch
10	挤出机热敏电阻	Extruder thermistors
11	挤出机加热头	Heating extruder head
12	热床热敏电阻	Hot bed thermal resistor
13	加热床	Heat the bed
14	挤出头散热风扇	Extrusion head cooling fans
15	电路板散热风扇	PCB FAN
16	12V电源	12V power
17	鼓风风扇	Blower fan

图 3-29　接线总图

(2) 打印机连接及回零操作

完成打印机设置后，在 Repetier-Host 软件界面的左上角单击"连接"按钮，打印机设备将通过 USB 端口与 Repetier-Host 软件建立连接。接着在 Repetier-Host 软件界面的右上方单击【手动控制】选项，系统显示手动控制相关选项，如图 3-33 所示。在确保 Z 轴离开打印平台一定安全距离的情况下进行 X 轴和 Y 轴的回零操作，最后进行 Z 轴的回零操作（注：如果打印机不运动，说明连接端口或参数设置不正确）。

(3) 平台校正与喷嘴对高

平台校正是成功打印最重要的步骤，因为它确保第一层的黏附。在理想情况下，喷嘴和平台之间的距离是恒定的，但在实际中由于很多原因（例如平台略微倾斜），距离在不同位置会有所不同，这可能造成作品翘边，甚至是完全失败。由于本设备是简易型 FDM 3D 打印机，不带有自动校正功能，需要通过手动校准。在设备平台之下有四颗手调螺母，两颗螺母在前面，另两颗螺母在平台后下方（图 3-34），我们可以通过拧紧或松开这些螺母以调节平台的平度及喷嘴与平台的高度。

具体操作：首先拿一张 A4 纸放在打印平台上，然后手动移动 X、Y 两轴，并仔细观察打印平台与喷嘴之间的距离，同时移动 A4 纸张，并通过螺母调整 A4 纸张的松紧，最

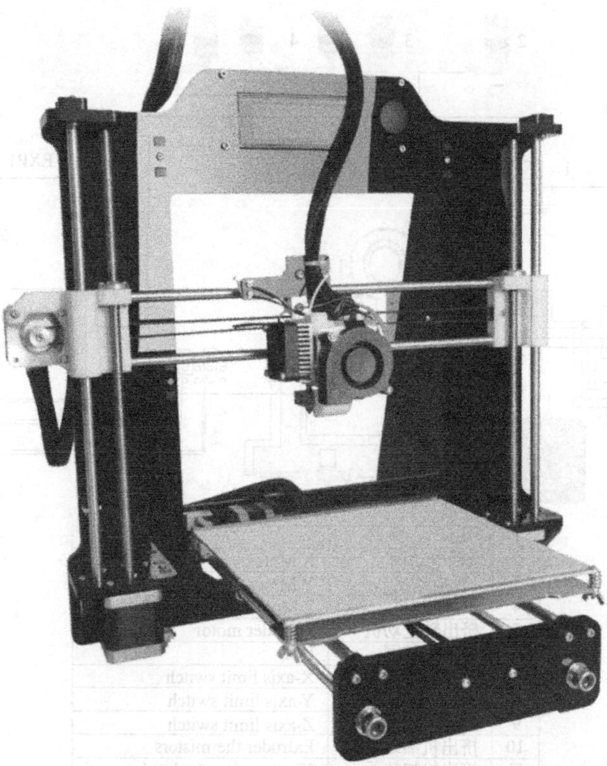

图 3-30 设备组装结果

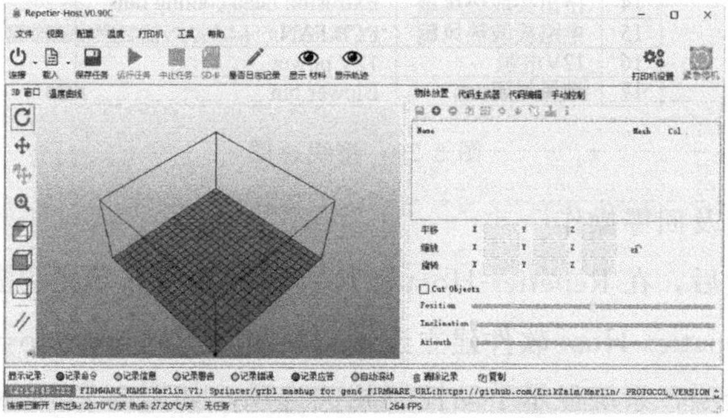

图 3-31 Repetier-Host 软件界面

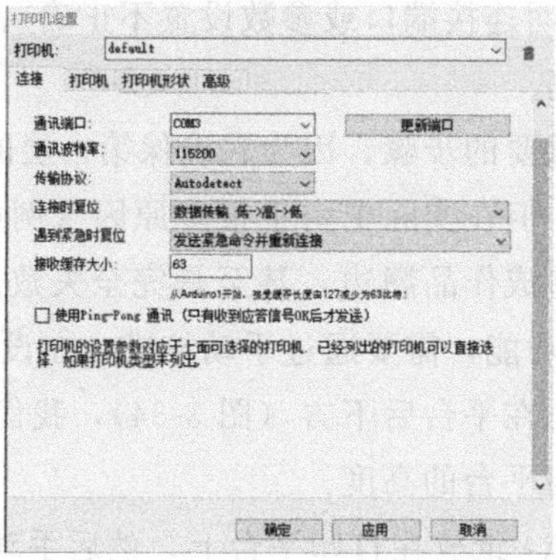

图 3-32 【打印机设置】对话框

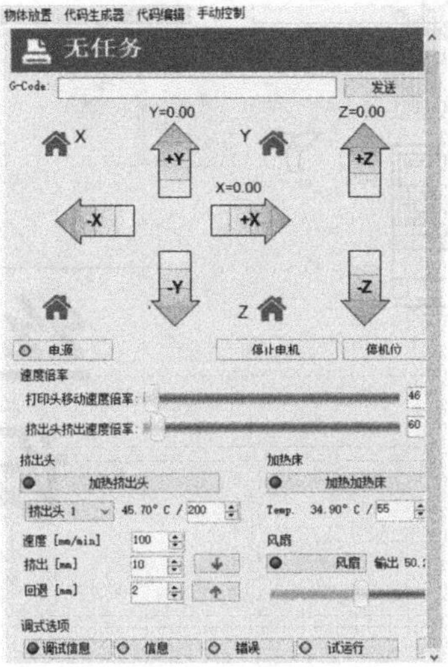

图 3-33 【手动控制】选项

图 3-34 调平螺母

后看纸张是否卡住或有无接触现象（一般情况是 A4 纸在移动过程不紧不松即可，同时在调平过程设置喷头及床身为常温）。

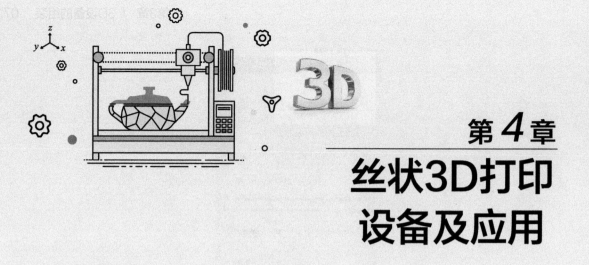

第4章 丝状3D打印设备及应用

4.1 丝状材料

丝状材料一般应用于熔融沉积工艺（FDM），熔融沉积材料一般是热塑性材料，如蜡、PLA、ABS、PA等，以丝状供料，材料成本低。与其他使用粉末和液态材料的工艺相比，丝状材料更干净、易更换和保存，不会形成粉末或液体污染。

熔融沉积打印耗材对丝线的要求比较严格，材料经过齿轮卷进喷头，齿轮和固定轮之间的距离是固定的，或丝线太粗，会造成无法送料或损坏送丝机构；反之，丝线太细，则送丝机构不能正常导料，因此要求丝材具有固定的规格，一般有1.75mm和3mm两种。由于熔融沉积打印采用热塑成型的方法，丝材要经受“固态-液态-固态”的转变，因此对材料的特性、成型温度、成型收缩等有着特定要求。

如表4-1所示为目前使用较多的几种成型材料。从表中可以看出：不同的材料有着不同的成型温度、不同的收缩率以及不同的性能。除了这些常用的材料外，熔融沉积工艺使用的材料还有PPSF/PPSU、PEI塑料ULTEM9085及水溶性材料。PPSF/PPSU是所有热塑性材料里强度最高、耐热性最好、抗腐蚀性最高的材料，呈琥珀色，热变形温度接近190℃。PEI塑料ULTEM9085强度高、耐高温、抗腐蚀，热变形温度在150℃左右，收缩率仅为0.1%～0.3%，稳定性极好。

表4-1 熔融沉积工艺常用成型材料

材料名称	成型温度/℃	收缩率/%	材料耐热温度/℃	外观及性能
蜡丝	120～150	0.3左右	70左右	多为白色，无毒，表面粗糙度及质感较好，成型精度较高，但耐热性较差
ABS	210～270	0.4～0.8	70～110	浅象牙色，强度高、韧性好、抗冲击，耐热性能适中
PLA	170～230	0.3	70～110	较好的光泽性和透明度，可降解，良好的抗拉强度和延展性，但耐热性不好
PC	230～320	0.5～0.8	130左右	多为白色，高强度、耐高温、抗冲击，耐水解稳定性差

4.2 丝状打印设备简介

本章介绍的 FDM 快速成型设备为深圳某有限公司的 UP BOX+，本设备功能强大，操作简单，具有无线连接、材料检测机制、自动平台校准和断电续打等功能。该设备采用全封闭设计，内部还装有 HEPA 空气过滤器，这样能保持打印室恒温，降低 ABS 打印时翘曲风险，同时也可防止 UFP 和 VOC 排放影响室内环境。UP BOX+设备如图 4-1 所示。

图 4-1 UP BOX+设备

4.2.1 认识设备

(1) 设备基本构成

UP BOX+设备基本构成可分为两大部分：一部分为机器外壳、相关操作按钮、材料丝盘及电源开关等，即为外部结构，如图 4-2 所示；另一部分为内部结构，主要包括打印机的三个轴、喷头、打印平台、空气过滤器等，如图 4-3 所示。

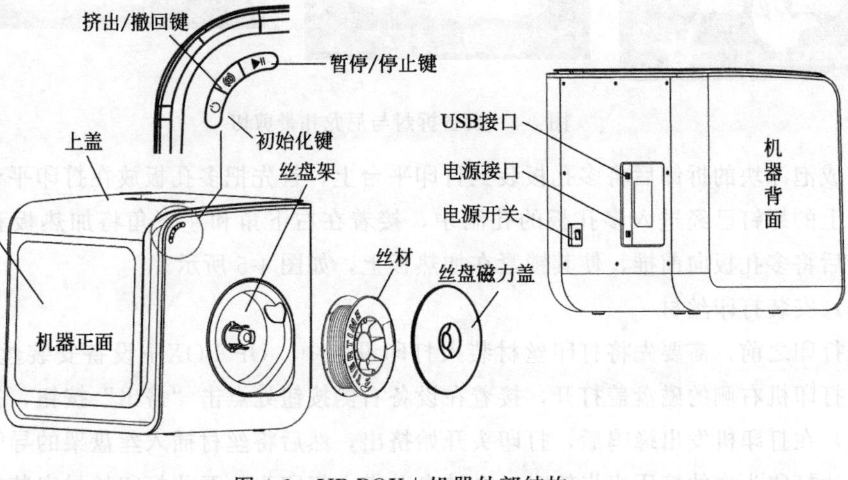

图 4-2 UP BOX+机器外部结构

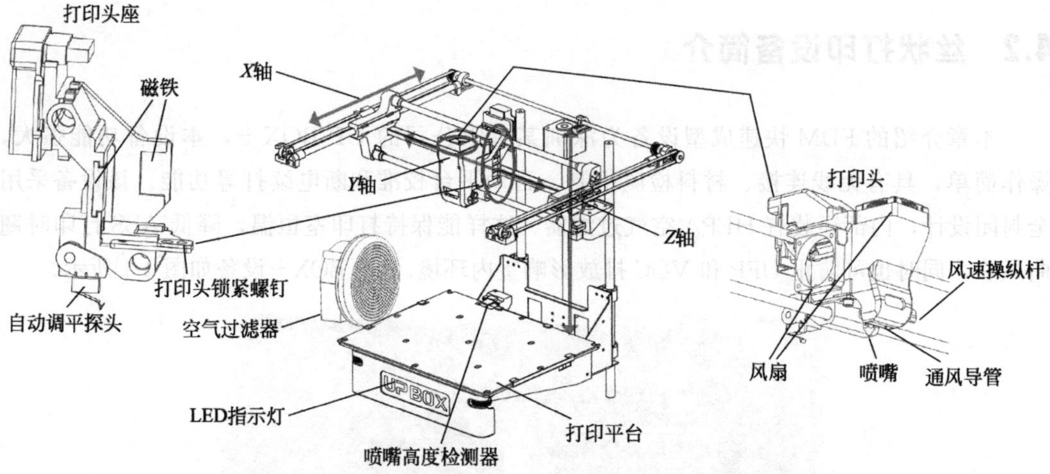

图 4-3　UP BOX＋内部结构

(2) 设备拆封与多孔板安装

设备拆封后如图 4-4 所示，里面会有几块泡沫块支承打印平台和尼龙扎带。首先取出泡沫块和剪断扎带，具体操作可按如下方法。

① 打开机器设备的上盖和前盖，无需移动平台，首先取出顶部泡沫块，接着在方口处把泡沫块外拉放倒，然后旋转泡沫 90°并取出，如图 4-4 所示。

② 利用随机配送的尖嘴钳剪断尼龙扎带，在剪切过程中不要碰到设备的同步带和电气部分。

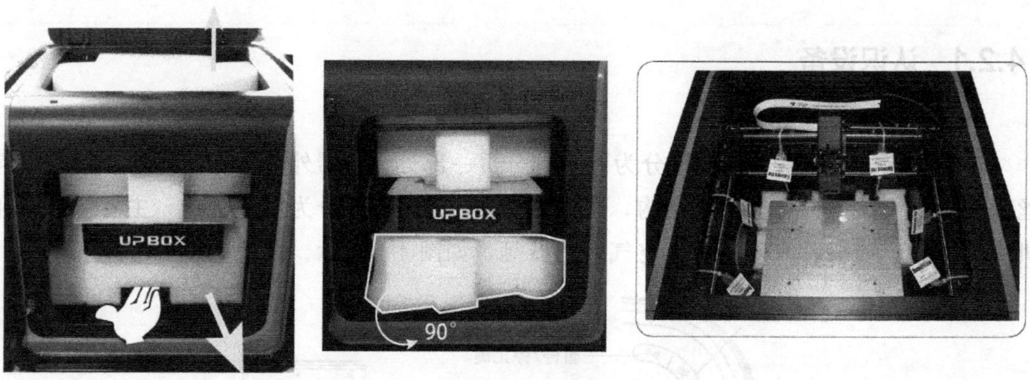

图 4-4　设备拆封与尼龙扎带剪切

完成泡沫块的拆卸后将多孔板装到打印平台上，首先把多孔板放在打印平台上，确保加热板上的螺钉已经进入多孔板的孔洞中，接着在右下角和左下角将加热板和多孔板压紧，然后将多孔板向前推，使其锁紧在加热板上，如图 4-5 所示。

(3) 安装打印丝材

在打印之前，需要先将打印丝材装入打印设备中。UP BOX＋设备安装丝材很方便，首先将打印机右侧的磁盘盖打开，接着在设备右侧按钮处点击“挤出”按钮，打印头将开始加热，在打印机发出蜂鸣后，打印头开始挤出，然后将丝材插入丝盘架的导管中，当丝材在到达打印头内的挤压机齿轮时，会被自动带入打印头，至此打印丝材安装完毕。挤丝

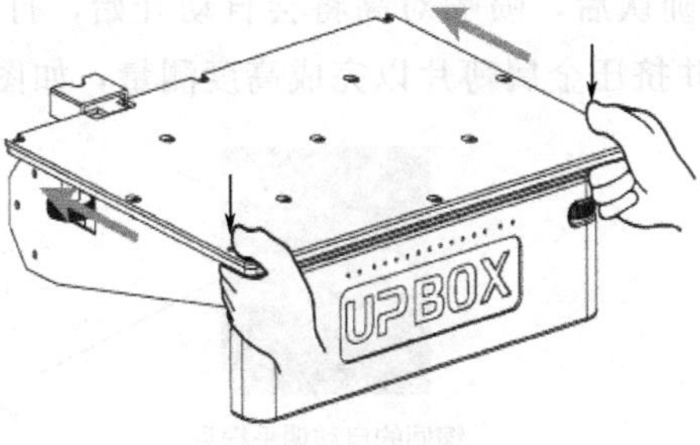
图 4-5 多孔板安装

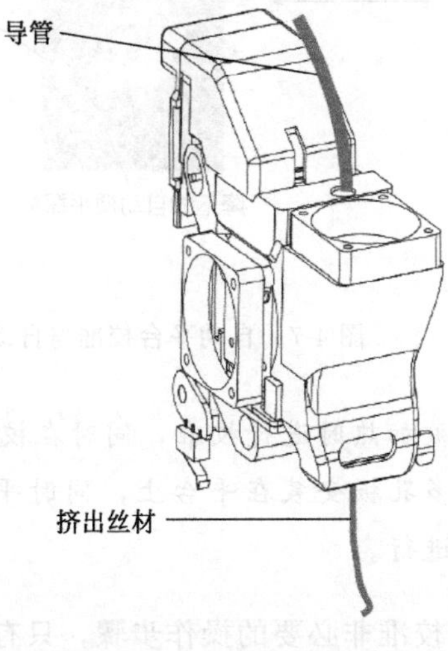

图 4-6 丝材安装完成后的挤丝结果

如图 4-6 所示。

(4) 设备初始化操作

UP BOX+设备在开机后都需要进行机器初始化。初始化的方式有两种，一种是通过打印设备自带的切片软件进行“初始化”，另一种是直接在机器设备上按“初始化”键进行初始化。在初始化期间，打印头和打印平台缓慢移动，并会触碰到 *XYZ* 三个轴的限位开关，此时打印机就找到了各轴的起点，同时软件其他选项也会亮起供选择使用。

4.2.2 平台校正与喷嘴对高

平台校准是成功打印最重要的步骤，因为它确保第一层的黏附。在理想情况下，喷嘴和平台之间的距离是恒定的，但在实际中由于很多原因（例如平台略微倾斜），距离在不同位置会有所不同，这可能造成作品翘边，甚至是完全失败。但是，UP BOX+具有自动平台校准和自动喷嘴对高功能，通过使用这两个功能，校准过程可以快速方便地完成。具体操作流程如下。

① 在桌面双击图标，系统进入 UP Studio 软件界面，接着在校准菜单中单击【自动水平校准】按钮，系统将校准探头放下并开始探测平台上的 9 个位置。探测完成之后，软件上的调平数据参数将被更新，并存储在机器内，同时调平探头也自动缩回。

② 当自动调平完成并确认后，喷嘴对高将会自动开始，打印头会移动至喷嘴对高装置上方，最终喷嘴将接触并挤压金属薄片以完成高度测量，如图 4-7 所示。

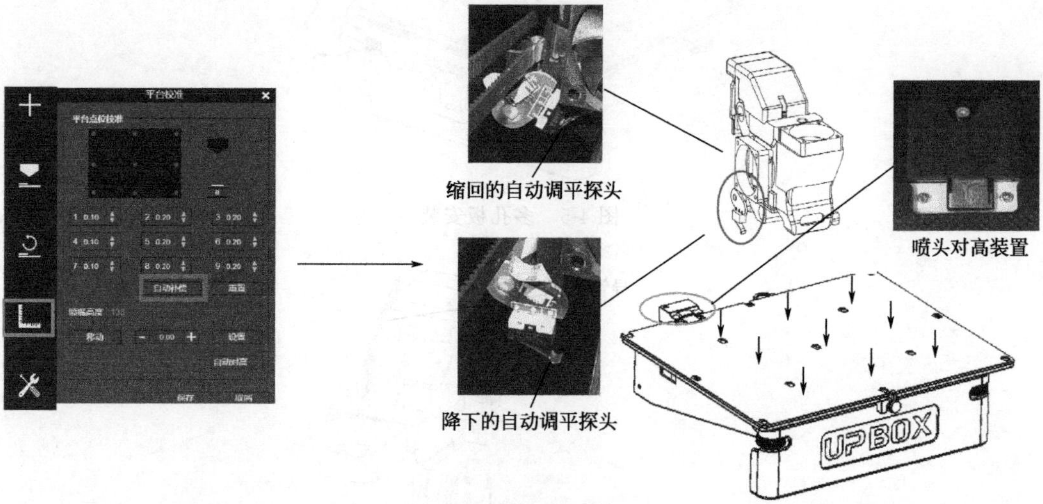

图 4-7　自动平台校准与自动对高

提示：1. 在喷嘴未被加热时进行校准，同时在校准之前清除喷嘴上残留的塑料。

2. 在校准前，应把多孔板安装在平台上，同时平台自动校准和喷头对高只能在喷嘴温度低于 80℃状态下进行。

在通常情况下，手动校准非必要的操作步骤，只有在自动调平不能有效调平平台时才需要使用。UP BOX＋的平台之下有 4 颗手调螺母，两颗螺母在前面，另两颗螺母在平台后下方（图 4-8），我们可以通过拧紧或松开这些螺母以调节平台的平度。

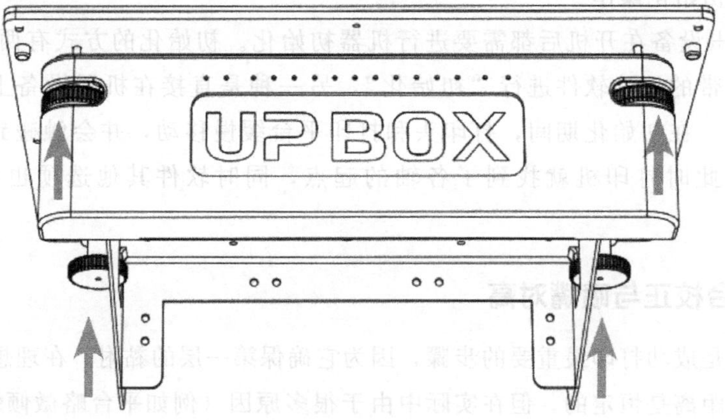

图 4-8　手调螺母

4.2.3　UP Studio 切片软件界面认识

北京太尔时代科技有限公司的 UP BOX＋设备的切片软件 UP Studio 软件是由他们公司自主开发的，用于设备的切片与参数调试等。初次进入 UP Studio 软件界面如图 4-9 所示。

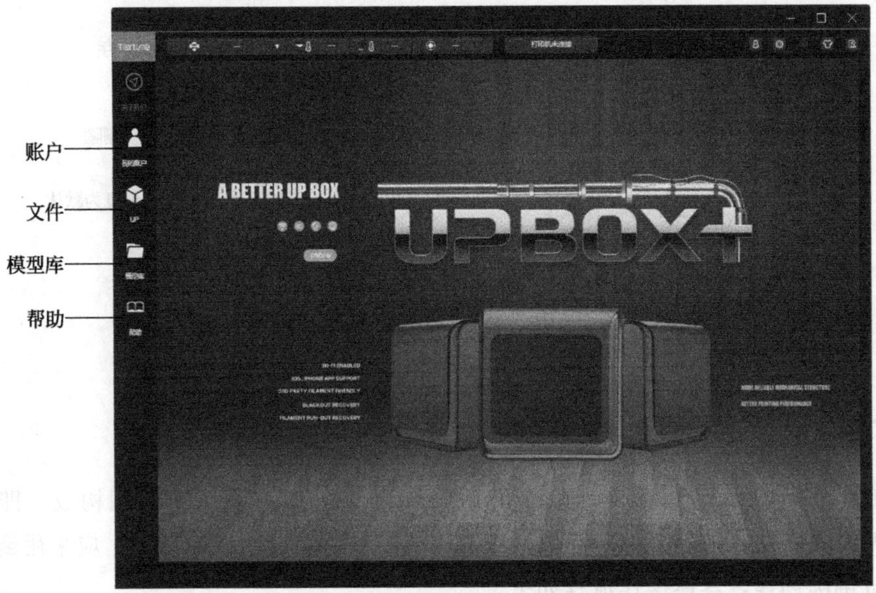

图 4-9 UP Studio 软件界面

在 UP Studio 软件界面中单击按钮，系统弹出如图 4-10 所示的界面，此界面包括了打印机参数设置、打印机类型、联机情况、模型调整按钮等。

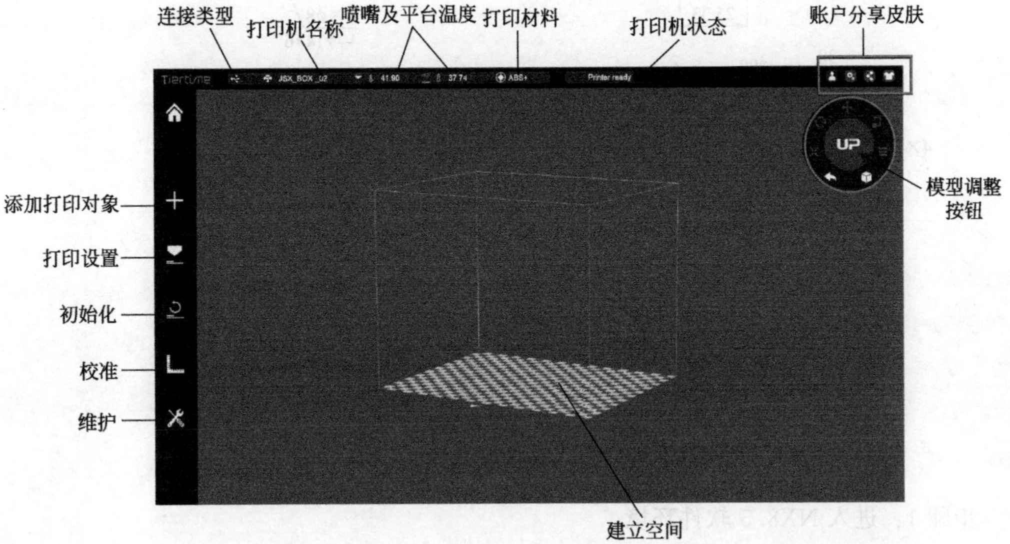

图 4-10 打印界面

在模型调整按钮中包括移动、复制、自动放置、比例缩放等，具体如图 4-11 所示。

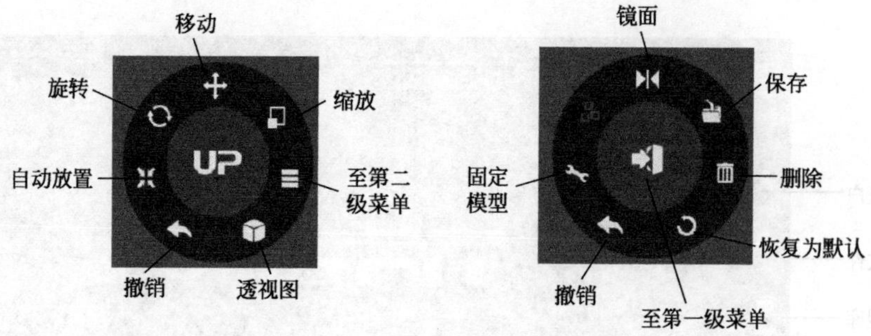

图 4-11　模型调整按钮

4.3　上底座建模

上底座图样如图 4-12 所示，从图样分析可以看出上底座由三个视图构成，即一个俯视图、两个剖视图。在建模时，建议对细节特征不在草图或曲线中绘制，应采用倒圆角的方法完成倒圆创建，具体操作流程如下。

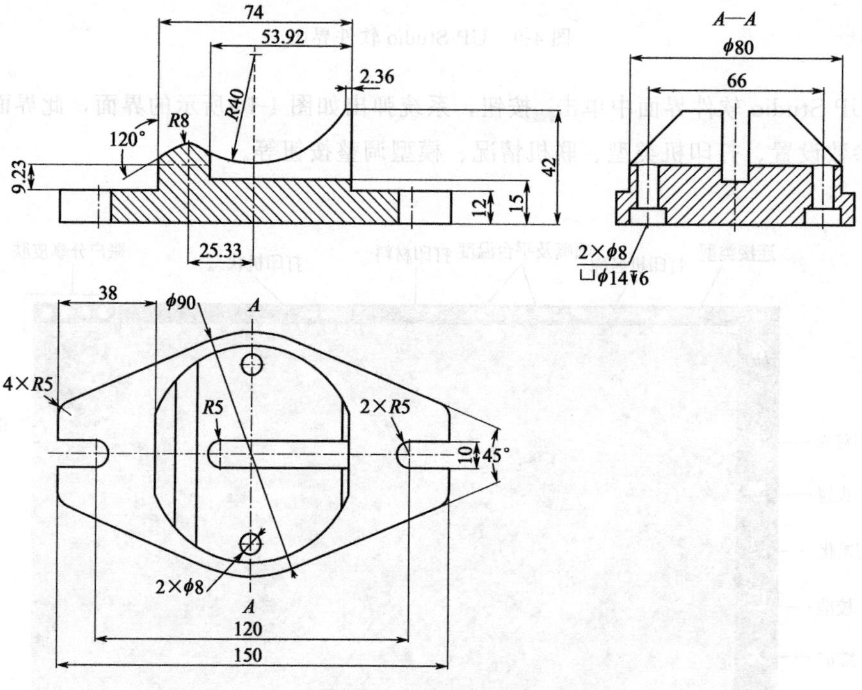

图 4-12　上底座图样

步骤 1：进入 NX8.5 软件环境。

在主菜单栏中选择【文件】|【新建】命令或在【标准】工具条中单击按钮，系统弹出【新建】对话框；在【文件名】文本框中设置文件名字，【文件夹】文本框选择文件存放位置，单击 确定 按钮进入软件建模环境。

步骤 2：创建主体。

在【部件导航器】中右击 基准坐标系 (0) 按钮，在弹出菜单栏中单击 显示(S) 按钮，

将被隐藏的基准坐标系显示出来。在主菜单工具栏中选择【插入】|【设计特征】|【拉伸】命令或在【特征】工具条中单击按钮，系统弹出【拉伸】对话框，如图 4-13 所示。

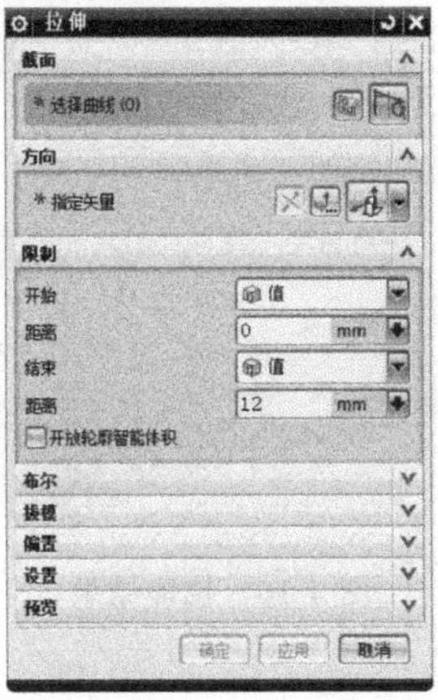

图 4-13 【拉伸】对话框

① 在【截面】卷展栏选项中单击按钮，系统弹出【创建草图】对话框，如图 4-14 所示。在此不做任何更改，单击 确定 按钮后系统进入草图环境。

② 利用【草图工具】工具条中的相关功能，完成草图绘制，并利用几何约束、尺寸约束功能完成相关尺寸标注及约束，结果如图 4-15 所示。在【草图工具】工具条中单击 完成草图 按钮，系统返回【拉伸】对话框。接着在【结束】文本框中输入 12，其余参数按系统默认，单击 确定 按钮完成拉伸操作，结果如图 4-16 所示。

图 4-14 【创建草图】对话框

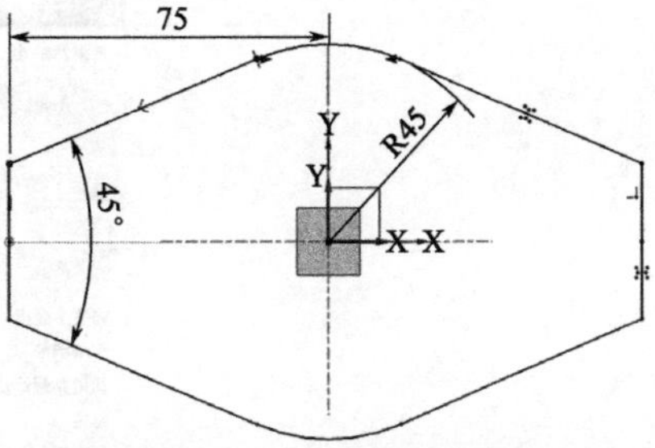

图 4-15 草图创建结果

步骤 3：创建左右两侧槽。

利用步骤 2 的方法，完成草图绘制，如图 4-17 所示。同时在【拉伸】对话框中的【布尔】下拉菜单选择 求差，其余参数按系统默认，单击 确定 按钮完成左右两侧槽的创建，结果如图 4-18 所示。

步骤 4：倒圆角创建。

在主菜单工具栏中选择【插入】|【细节特征】|【边倒圆】命令或在【细节特征】工具条中单击按钮，系统弹出【边倒圆】对话框，如图 4-19 所示。在【半径 1】文本框中输入 5，接着在作图区选择如图 4-20 所示的边界为要倒圆角的边，其余参数按系统默认，单击 确定 按钮完成倒圆角操作，如图 4-21 所示。

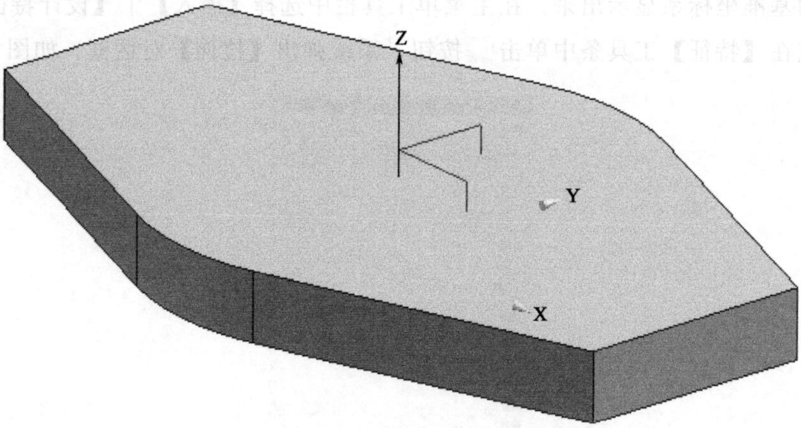

图 4-16 拉伸结果

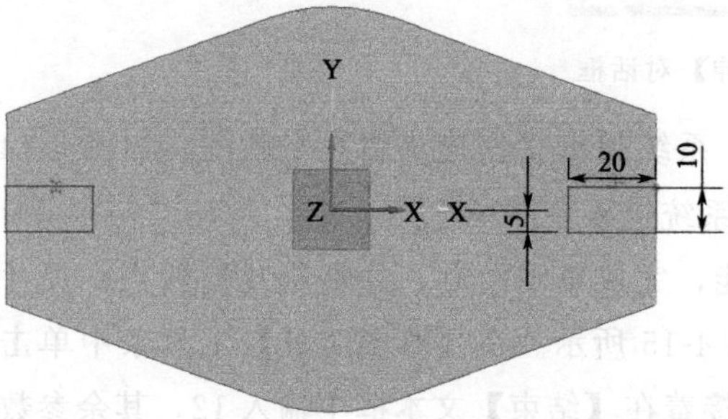

图 4-17 左右槽截面绘制

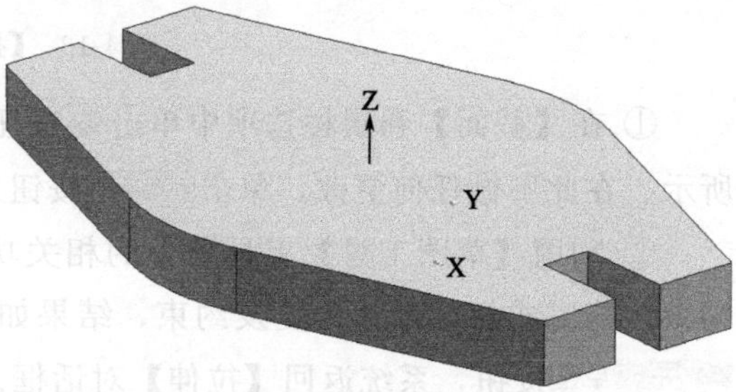

图 4-18 槽创建结果

图 4-19 【边倒圆】对话框

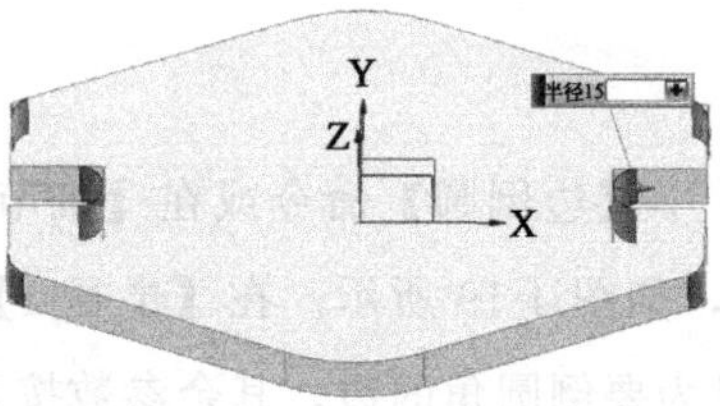

图 4-20 倒圆边界选择

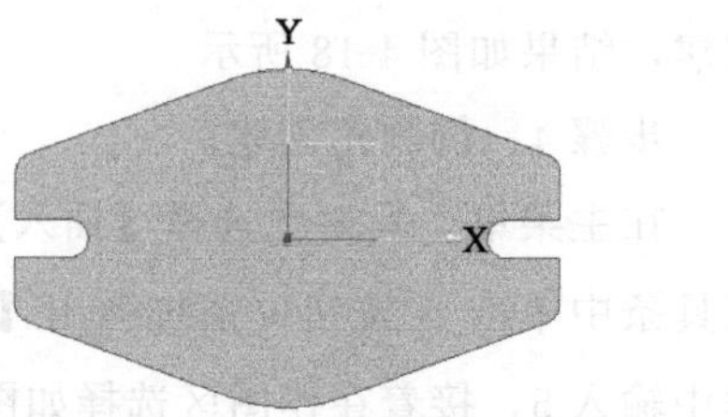

图 4-21 倒圆角结果

步骤 5：创建凸台。

在主菜单工具栏中选择【插入】｜【设计特征】｜【凸台】命令或在【特征】工具条中单击按钮，系统弹出【凸台】对话框，如图 4-22 所示。

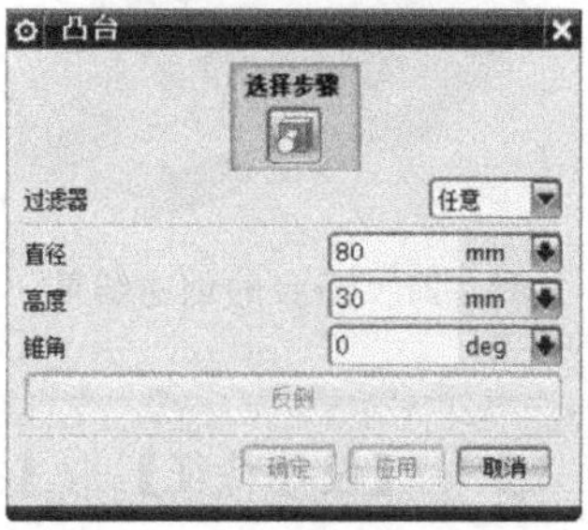

图 4-22 【凸台】对话框

① 在作图区选择主体上表面作为凸台放置面，在【直径】文本框中输入 80，【高度】文本框中输入 30，其余参数按系统默认，单击按钮后系统弹出【定位】对话框，如图 4-23 所示。

② 在【定位】对话框单击按钮，进入【点落在点上】对话框，如图 4-24 所示。接着在作图区选择图 4-25 所示的边界为目标对象后，系统弹出【设置圆弧的位置】对话框，如图 4-26 所示。在【设置圆弧的位置】对话框中单击按钮，完成凸台的创建，如图 4-27 所示。

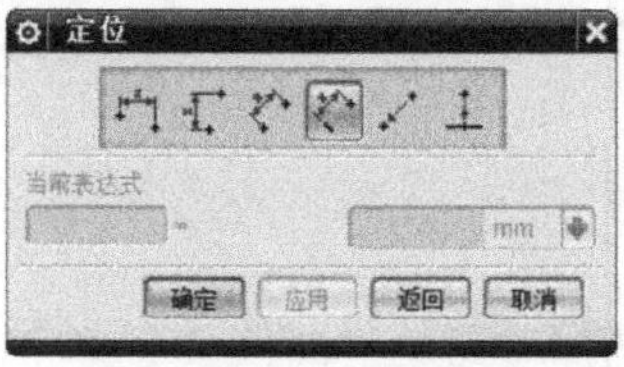

图 4-23 【定位】对话框

图 4-24 【点落在点上】对话框

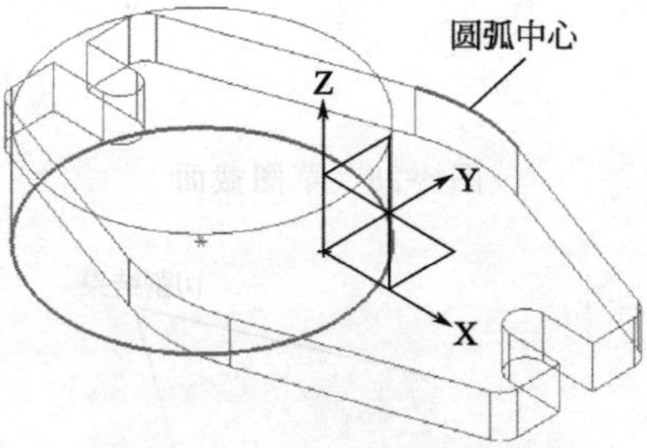

图 4-25 凸台圆弧的选择

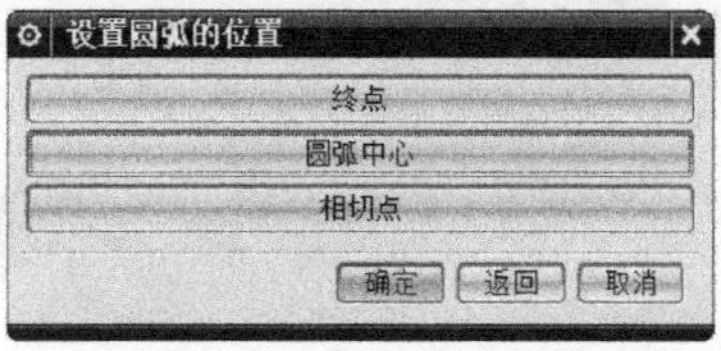

图 4-26 【设置圆弧的位置】对话框

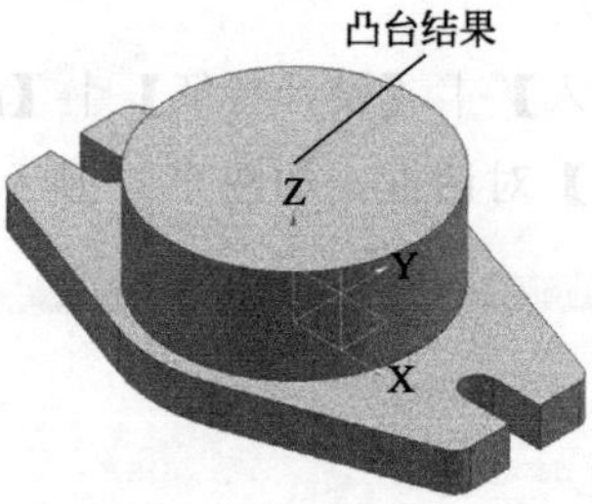

图 4-27　凸台的创建结果

步骤 6：切割左右两边对象。

在主菜单工具栏中选择【插入】|【设计特征】|【拉伸】命令或在【特征】工具条中单击按钮，系统弹出【拉伸】对话框。

① 在【截面】卷展栏选项中单击按钮，系统弹出【创建草图】对话框，在此不做任何更改，单击 确定 按钮后系统进入草图环境。

② 利用【草图工具】工具条中的相关功能，完成草图绘制，并利用几何约束、尺寸约束功能完成相关尺寸标注及约束，结果如图 4-28 所示。在【草图工具】工具条中单击 完成草图 按钮，系统返回【拉伸】对话框，在【开始】|【距离】文本框中输入 12，【结束】|【距离】文本框中输入 42，勾选 开放轮廓智能体积 选项，其余参数按系统默认，单击 确定 按钮完成拉伸操作，结果如图 4-29 所示。

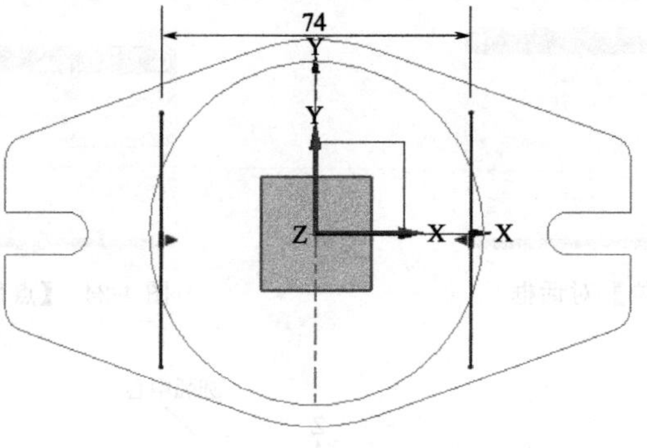

图 4-28　草图截面

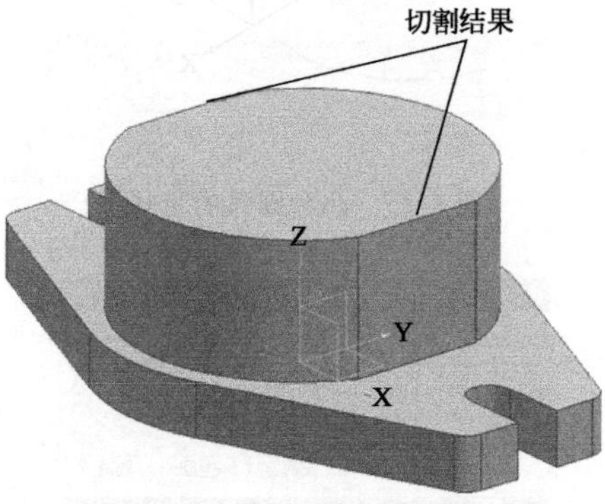

图 4-29　拉伸创建结果

步骤 7：切割顶部圆台对象。

利用步骤 6 的方法，完成草图绘制，如图 4-30 所示。同时在【拉伸】对话框中的【布尔】下拉菜单选择求差，其余参数按系统默认，单击确定按钮完成顶部圆台切割的创建，结果如图 4-31 所示。

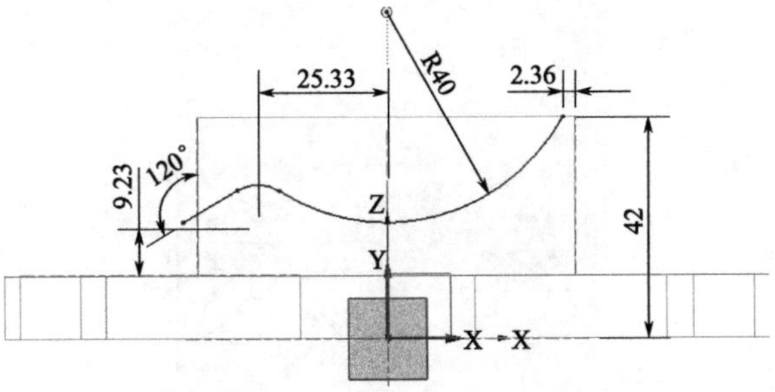

图 4-30　草图绘制结果

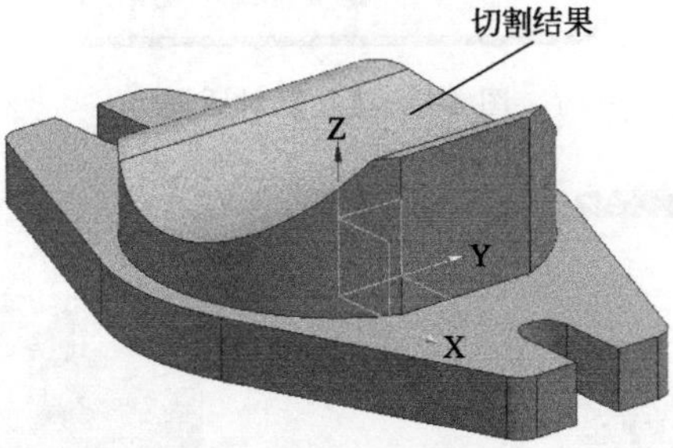

图 4-31　拉伸切割结果

步骤 8：切割内槽。

利用拉伸命令，完成内部槽的切割操作，结果如图 4-32 所示。

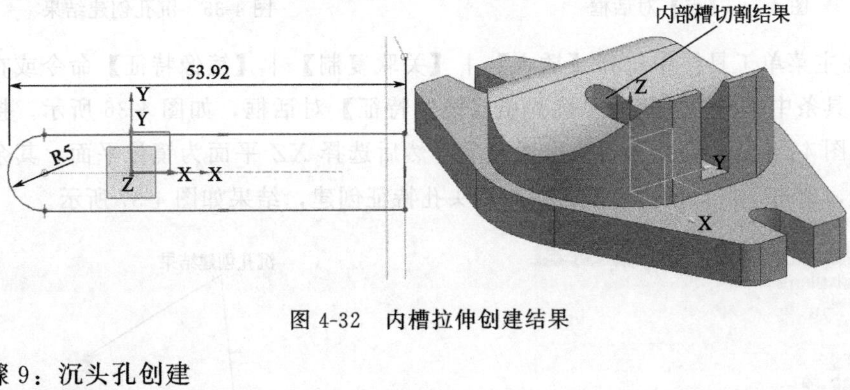

图 4-32　内槽拉伸创建结果

步骤 9：沉头孔创建

在主菜单工具栏中选择【插入】｜【设计特征】｜【孔】命令或在【特征】工具条中单击按钮，系统弹出【孔】对话框，如图 4-33 所示。

① 在形状和尺寸卷展栏的【成型】下拉选项中选择沉头选项，接着在【沉头直径】文本框中输入 14，【沉头深度】文本框中输入 6，【直径】文本框中输入 8，【深度限制】下拉菜单选择。

② 在【选择条】选项中单击按钮进入【点】对话框，如图 4-34 所示。接着在【Y】

文本框中输入-33，其余参数按系统默认，单击[确定]按钮返回【孔】对话框，再单击[确定]按钮完成沉头孔的创建，结果如图 4-35 所示。

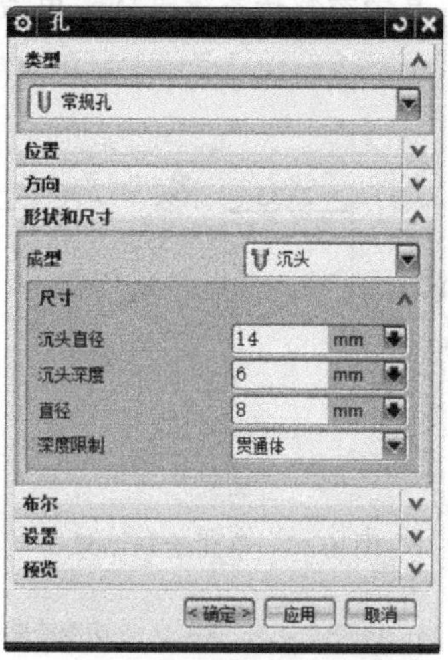

图 4-33 【孔】对话框

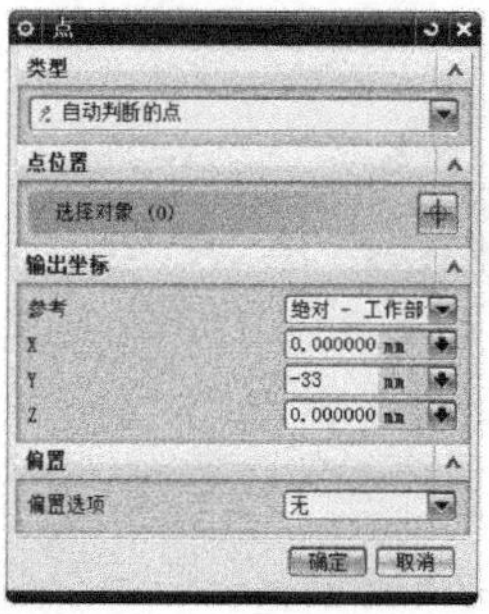

图 4-34 【点】对话框

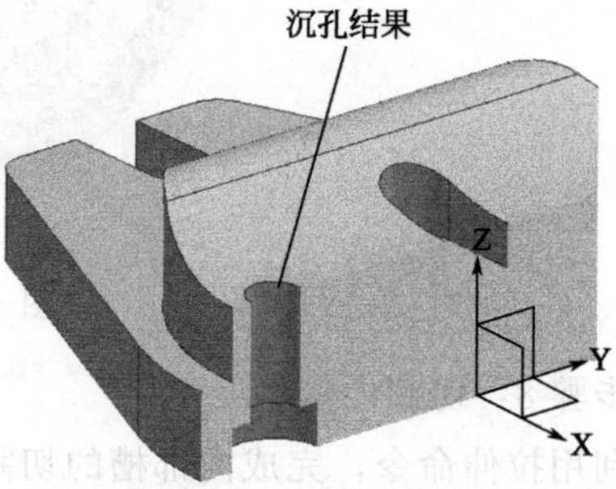

图 4-35 沉孔创建结果

③ 在主菜单工具栏中选择【插入】|【关联复制】|【镜像特征】命令或在【关联复制】工具条中单击按钮，系统弹出【镜像特征】对话框，如图 4-36 所示。接着在作图区选择图 4-35 所示的孔为要镜像的对象，然后选择 *XZ* 平面为镜像平面，其余参数按系统默认，单击[确定]按钮完成另一侧沉头孔特征创建，结果如图 4-37 所示。

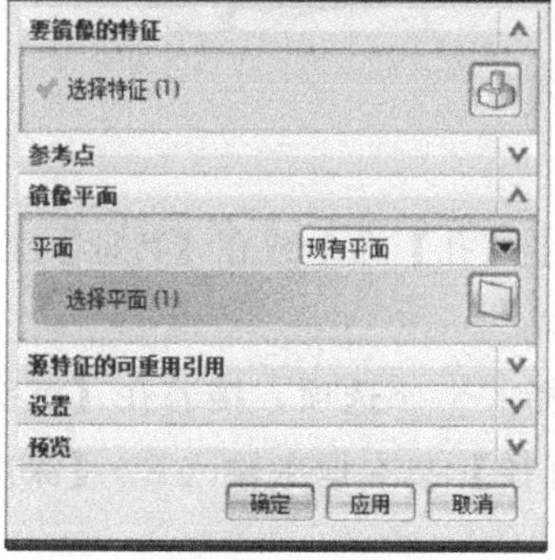

图 4-36 【镜像特征】对话框

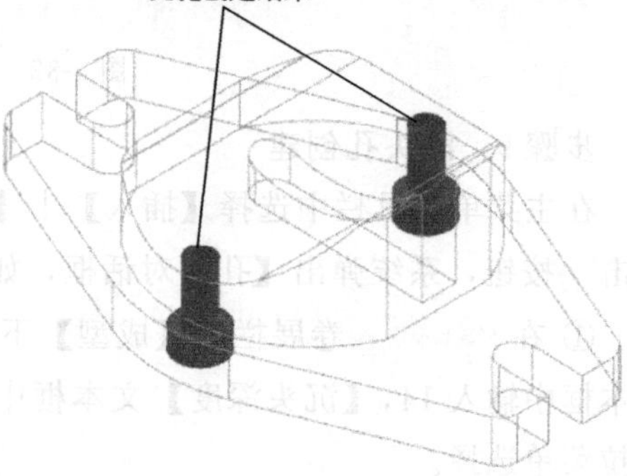

图 4-37 孔特征创建结果

4.4 FDM快速成型制作与后期处理

4.4.1 模型切片与打印参数设置

步骤1：图档导出。

在NX8.5软件中选择【文件】|【导出】|【STL】命令，系统弹出【快速成型】对话框，如图4-38所示。接着在【三角公差】及【相邻公差】文本框中输入0.01，其余参数按系统默认，单击 确定 按钮系统弹出【导出快速成型文件】对话框，如图4-39所示。

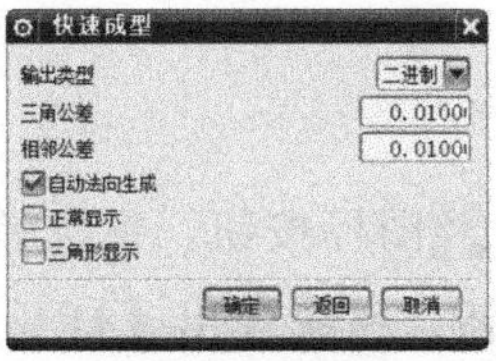

图4-38 【快速成型】对话框

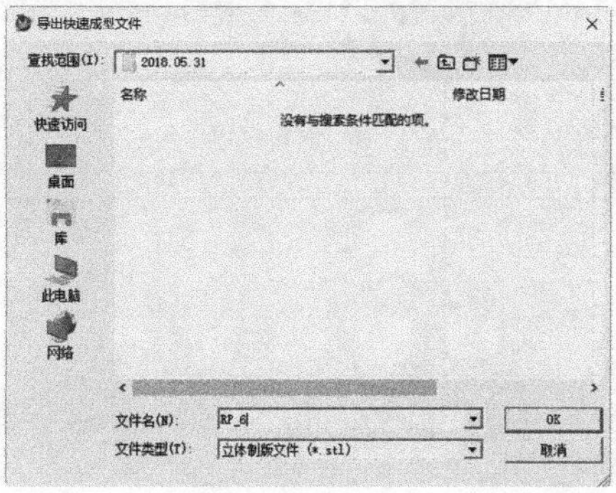

图4-39 【导出快速成型文件】对话框

在【文件名】文本框中输入RP_6，单击 OK 按钮后系统弹出【输入文件头信息】栏，在此不做任何更改，单击 确定 按钮后系统弹出【类选择】对话框，如图4-40所示。接着在作图区选择底座图档为要导出的文件，单击三次 确定 按钮完成图档的导出操作。

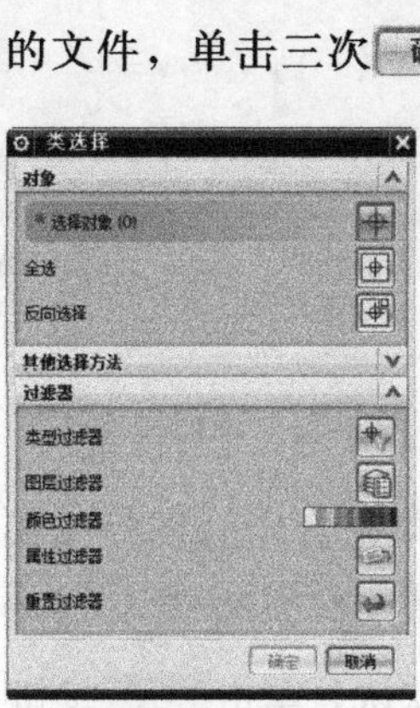

图4-40 【类选择】对话框

步骤 2：启动打印切片软件。

在桌面双击图标，系统进入 UP Studio 软件界面，如图 4-41 所示。接着在软件中单击 UP 图标按钮，系统进入打印主界面，如图 4-42 所示。

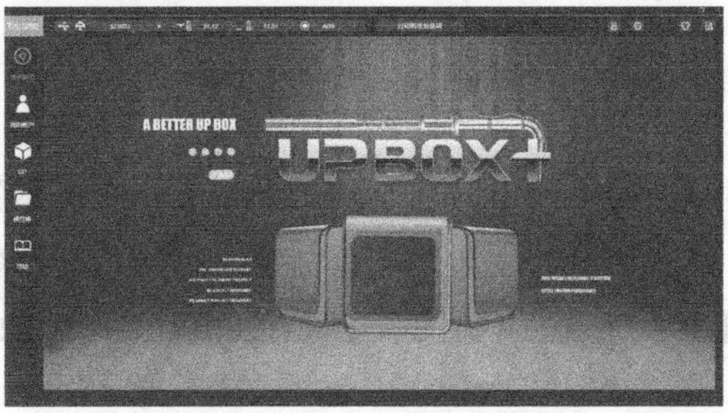

图 4-41 UP Studio 软件界面

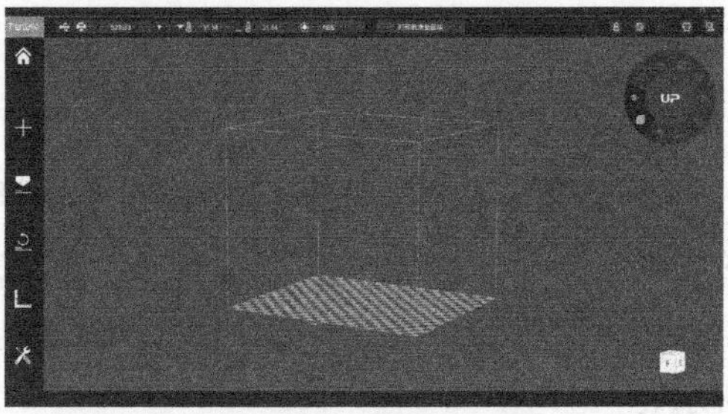

图 4-42 打印主界面

步骤 3：添加模型。

在 UP Studio 软件中单击添加图标按钮，系统弹出【添加】对话框，如图 4-43 所示。接着单击添加模型图标按钮，系统弹出【打开】对话框，然后找到练习文件 RP_6.stl 文档，单击【打开】按钮后系统返回打印软件主界面，结果如图 4-44 所示。

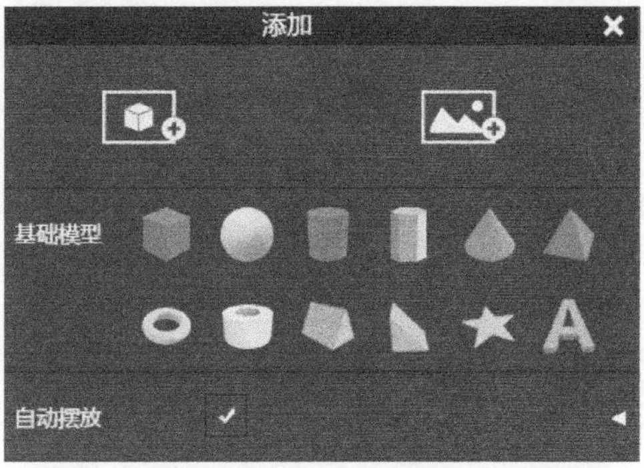

图 4-43 【添加】对话框

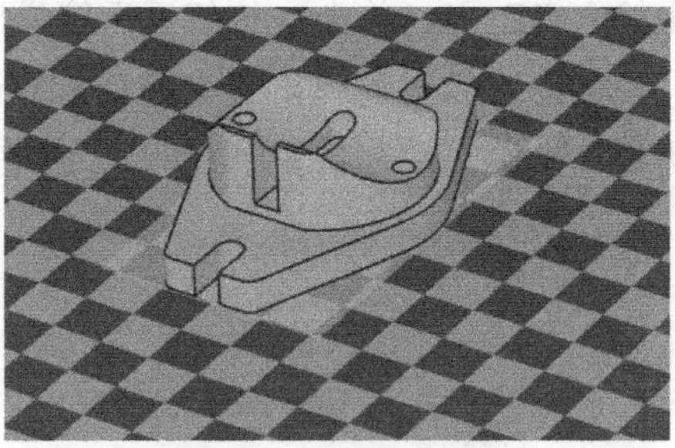

图 4-44 添加模型结果

步骤 4：在 UP Studio 软件中单击打印图标按钮，系统弹出【打印设置】对话框，如图 4-45 所示。接着设置【层片厚度】为 0.2mm，【填充方式】选择（20%），【质量】选择默认选项，其余参数按系统默认，单击打印按钮，系统开始计算切片层，并开始传输打印数据至打印设备，传输完成后会显示打印时间，如图 4-46 所示。

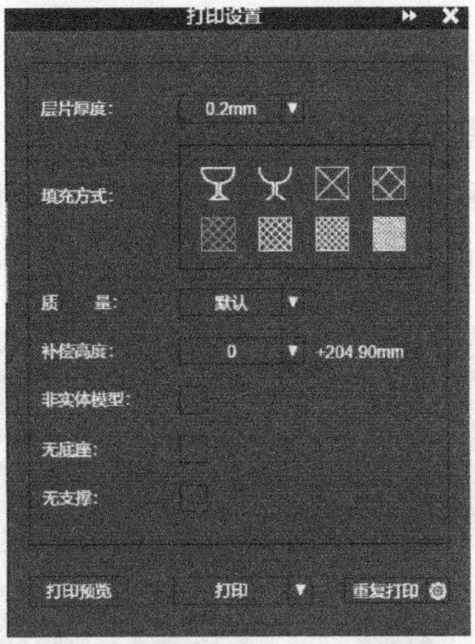

图 4-45 【打印设置】对话框

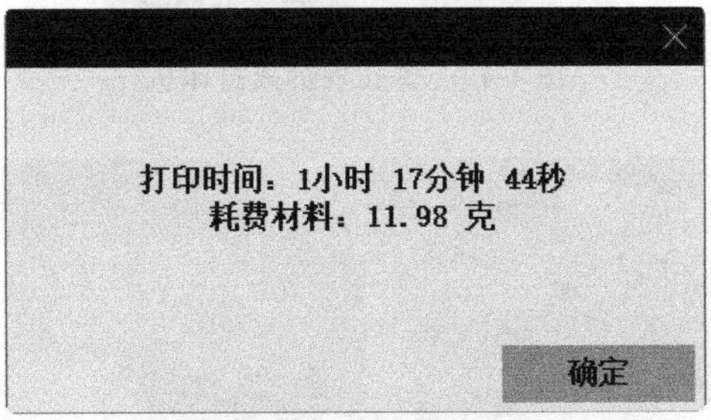

图 4-46 打印时间及耗费材料

步骤 5：完成数据传输后，打印设备开始打印。首先进行底座打印，然后进行产品打印（图 4-47），在此不做任何更改，直至打印结束。打印结果如图 4-48 所示。

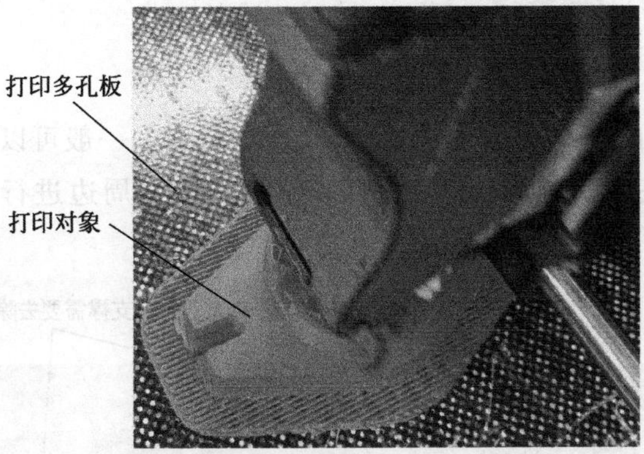

图 4-47 产品打印过程

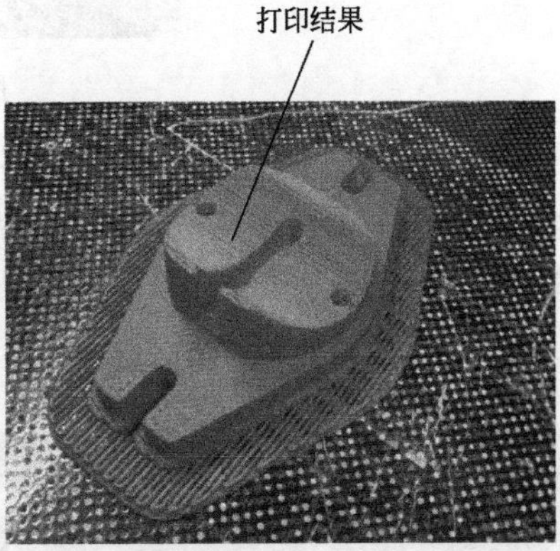

图 4-48 打印结果

4.4.2 模型拆卸与后期处理

3D 打印设备通过 1 个多小时的打印，完成了模型的打印操作，接下来对模型进行拆卸及其后期处理。

（1）模型拆卸

3D打印机打印完模型后进行设备初始化，当完成设备初始化后就可以将打印好的模型进行拆卸。在模型拆卸前，首先打开设备前盖，接着将多孔板拆卸并取出，如图4-49所示。然后将多孔板放置在水平的桌面上，利用小铲对实体模型底部用力挤压多孔板上的底座，使底座与多孔板分离，如图4-50所示。

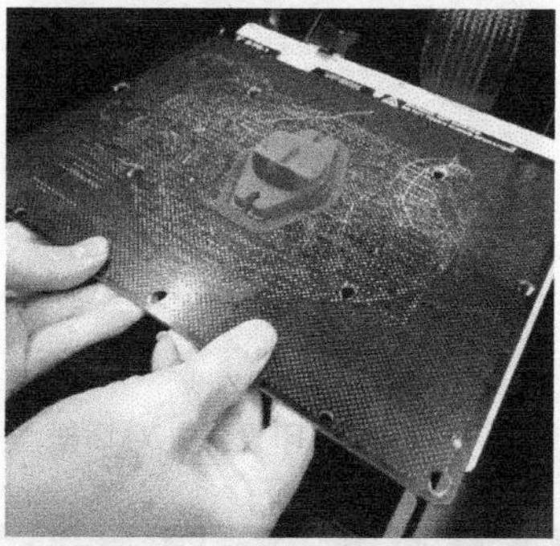

图4-49　多孔板拆离打印机

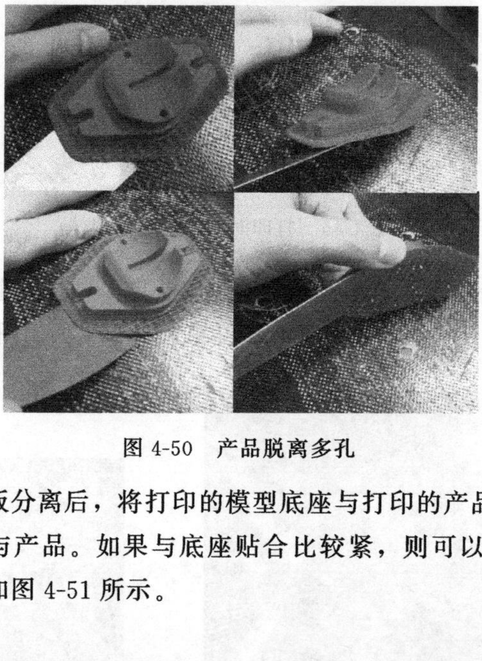

图4-50　产品脱离多孔

当打印模型与多孔板分离后，将打印的模型底座与打印的产品进行分离，一般可以直接用手慢慢地剥离底座与产品。如果与底座贴合比较紧，则可以利用铲尖对周边进行挤压，使其与产品分离，如图4-51所示。

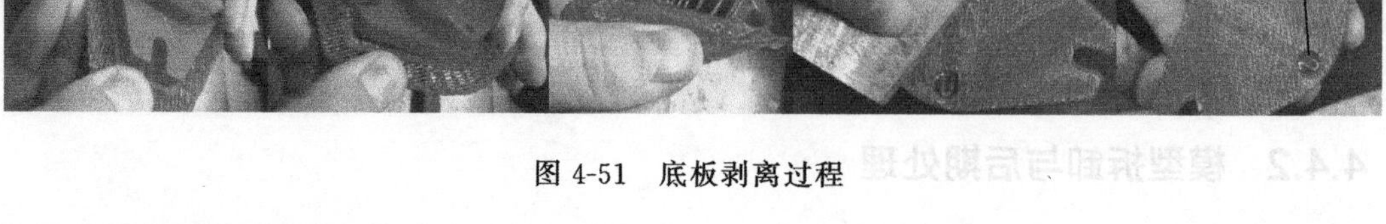

图4-51　底板剥离过程

（2）支撑材料去除

完成底座剥离之后，就要开始对支撑材料进行去除。支撑去除方便与否，就与所设置的打印参数有关。一般在 UP Studio 软件中，多数打印参数都是默认的，这样大大节省了设置过程，同时支撑参数也是以较优的参数进行设置，因此支撑材料去除也很方便。

对于裸露在外面的支撑材料，可以直接用手掰断去除；对于藏于内部的支撑材料，可以利用钳子、刮刀或小圆柱进行去除，如图 4-52 所示。最终支撑去除结果如图 4-53 所示。

图 4-52 内部支撑去除

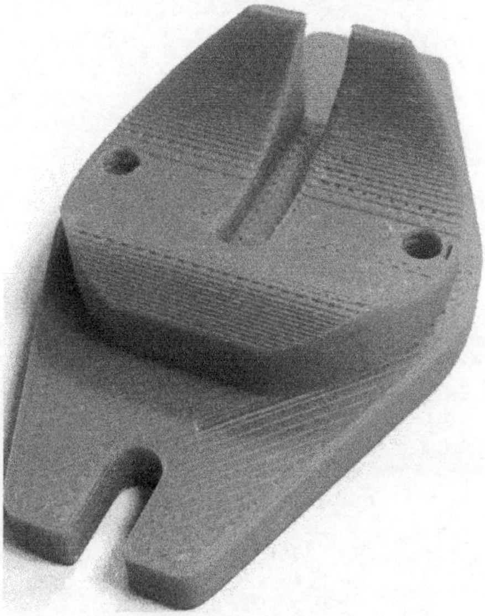

图 4-53 支撑去除结果

(3) 模型后期处理

模型拆卸完成后对模型表面进行处理。一般 3D 打印模型常见的处理方法有砂纸打磨、喷丸处理、溶剂浸泡和溶剂熏蒸几种。

由于 FDM（熔融堆积）成型技术是由喷头挤出加热材料后逐层堆积打印的，因此在模型表面会看到一层一层连接纹路，纹路的粗细取决于打印参数的设置，就是打印层厚和打印质量。打印层厚越小、打印质量越高，则纹路越不明显，反之就越明显。

但层厚越小，打印时间也就会相应增加，这样降低了打印效率。因此，在打印之前首先要确定是精度质量先行还是效率速度先行。如果没有装配要求，对于单独零部件建议效率速度优化；如果有装配或精度要求，则建议精度质量先行。

本节表面光滑处理采用砂纸打磨方法，具体操作为：首先选用粗砂纸进行粗磨（一般采用 240 目砂纸），使表面纹路快速细化；然后选择 300 目的砂纸进行半精磨，使表面纹路基本削除；最后使用 400 目的砂纸进行精磨，使模型表面光滑，达到喷漆上油的要求（具体操作读者可自行完成）。

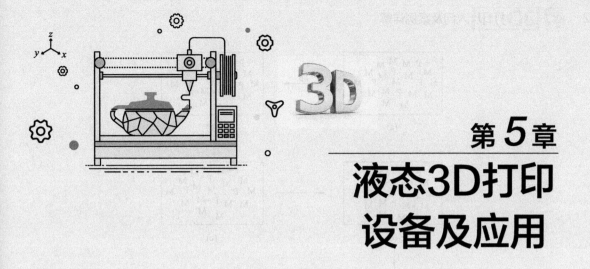

第5章 液态3D打印设备及应用

5.1 液态材料与应用设备简介

5.1.1 液态材料简介

液态材料用于光固化快速成型，或称液态光敏树脂。光敏树脂材料中主要包括齐聚物（又称低聚物）、反应性稀释剂及光引发剂。齐聚物是光敏树脂的主体，是一种含有不饱和官能团的基料。它的末端有可以聚合的活性基团，一旦有了活性种，就可以继续聚合长大，一经聚合，分子量上升极快，很快就可成为固体。

液态材料主要应用于激光固化快速成型机（SLA）、微滴喷射成型机（PLOYJET）及投影成型机（DLP）。

光引发剂是激发光敏树脂交联反应的特殊基团，当受到特定波长的光子作用时，会变成具有高度活性的自由基团，作用于基料的高分子聚合物，使其产生交联反应，由原来的线状聚合物变为网状聚合物，从而呈现为固态。光引发剂的性能决定了光敏树脂的固化程度和固化速度。

稀释剂是一种功能性单体，结构中含有不饱和双键，如乙烯基、烯丙基等，可以调节齐聚物的黏度，但不容易挥发，且可以参加聚合。聚合反应过程如图 5-1 所示。

与齐聚体 M 相混合的光引发剂分子 P［图 5-1(a)］，暴露于光子（$h\upsilon$）构成的紫外光源，吸收一些光子并产生激发的光引发物 P^*［图 5-1(b)］；光引发物 P^* 的小部分转变成活性自由基 $P^\cdot$［图 5-1(c)］；然后，这些活性自由基和单体 M 相作用，构成聚合反应引发物 $PM^\cdot$［图 5-1(d)］（称为链引发阶段）；一旦激发，在链生长阶段另外的单体 M 继续作用，构成 $PMMMMM^\cdot$，直到链抑制阶段才终止聚合反应。

5.1.2 液态设备简介

目前，研究光固化成型（SLA）设备的单位有美国的 3D Systems 公司、Aaroflex 公司，德国的 EOS 公司、F&S 公司，法国的 Laser 3D 公司，日本的 SONY/D-MEC 公司、Teijin Seiki 公司、DenkenEngieering 公司、Meiko 公司、Unipid 公司、CMET 公司，以

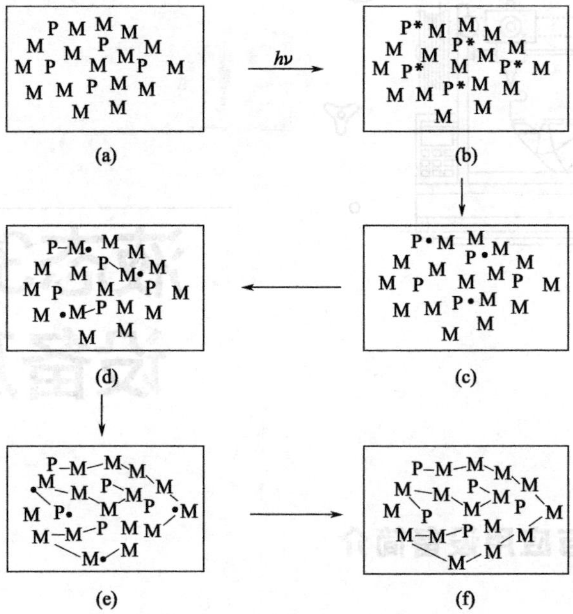

图 5-1 聚合反应过程示意图

色列的 Cubital 公司以及我国的中科院广州电子技术有限公司、西安交通大学等；研究微滴喷射成型机的公司有以色列 OBJET 公司（已被美国 Stratasys 公司收购）及 3D Systems 公司；研究 DLP 投影成型机（DLP）的公司有德国 envision TEC 公司。

本章节将介绍 3D Systems 公司 ProjetMJP3600 喷射成型机。该技术也是当前比较先进的 3D 打印技术之一。它的成型原理与 3DP 有点类似，不过喷射的不是黏合剂而是聚合成型材料。如图 5-2 所示为 Projet 聚合物喷射系统的结构。

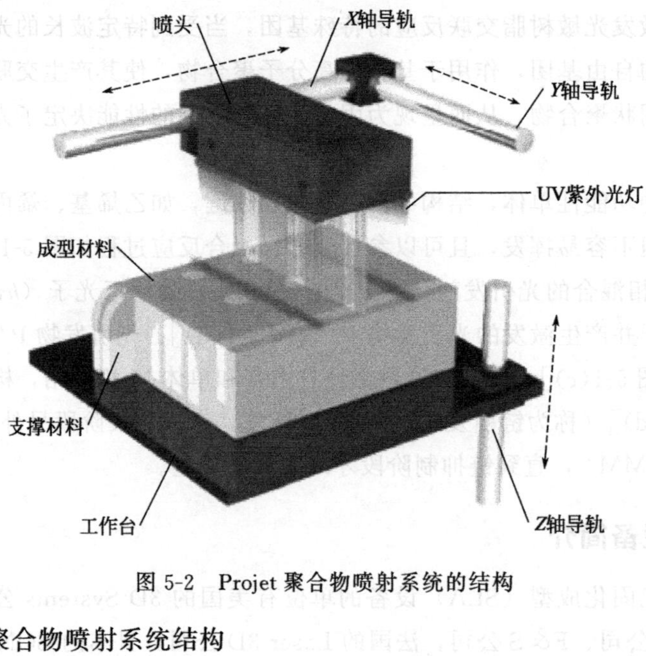

图 5-2 Projet 聚合物喷射系统的结构

(1) Projet 聚合物喷射系统结构

Projet 的喷射打印头沿 X 轴方向来回运动，其工作原理与喷墨打印机十分类似，不同的是喷头喷射的不是墨水而是光敏聚合物。当光敏聚合材料被喷射到工作台上后，UV紫外光灯将沿着喷头工作的方向发射出 UV 紫外光对光敏聚合材料进行固化。

完成一层的喷射打印和固化后，设备内置的工作台会极其精准地下降一个成型层厚，喷头继续喷射光敏聚合材料进行下一层的打印和固化。就这样一层接一层，直到整个工件打印制作完成。

工件成型的过程中将使用两种不同类型的光敏树脂材料，一种是用来生成实际模型的材料，另一种是类似胶状的用来作为支撑的树脂材料。

这种支撑材料由过程控制被精确地添加到复杂成型结构模型的所需位置，例如是一些悬空、凹槽、复杂细节和薄壁等的结构。当完成整个打印成型过程后，只需要使用 Water Jet 水枪就可以十分容易地把这些支撑材料去除，而最后留下的是具有整洁光滑表面的成型工件。

使用 Projet 聚合物喷射技术成型的工件精度非常高，最薄层厚能达到 16μm。设备提供封闭的成型工作环境，适合用于普通的办公室环境。此外，Projet 技术还支持多种不同性质的材料同时成型，能够制作非常复杂的模型。

（2）设备简介

Projet MJP 3600 是一款密封的打印设备，机身由控制面板、打印引擎、成型区等组成，整个打印机身如图 5-3 所示。ProJet MJP 3600 和 3600 Max 实现大规模的建模量和快

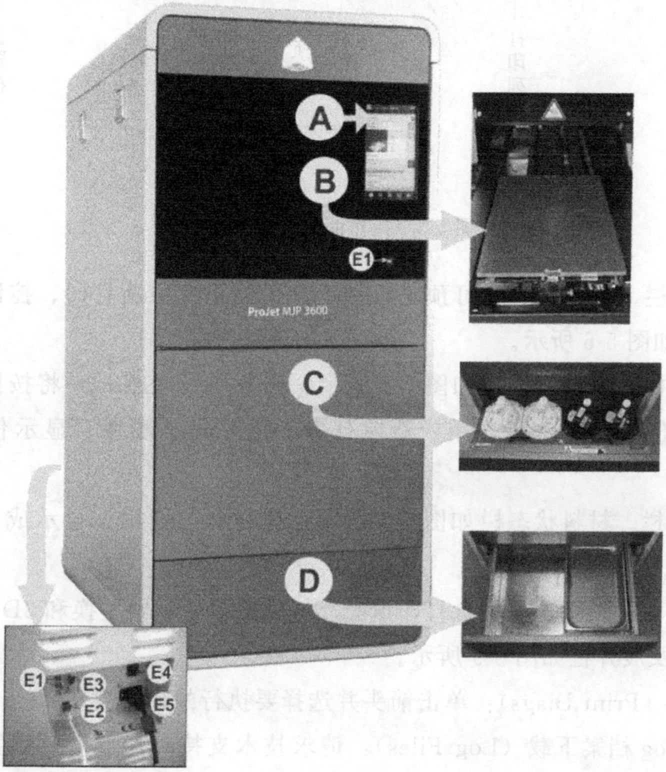

图 5-3 Projet MJP 3600 机身

A—控制面板；B—成型区；C—材料区；D—废料区；E1—USB 连接；E2—以太网连接；
E3—VGA 连接；E4—打印机电源开关；E5—打印机电源插座

速的打印速度，能在更短时间内产出更多的部件。打印出来的产品具有优质的外观质量，锐角边缘的锐利以及平面的滑顺都能完美呈现出来，如图 5-4 所示。

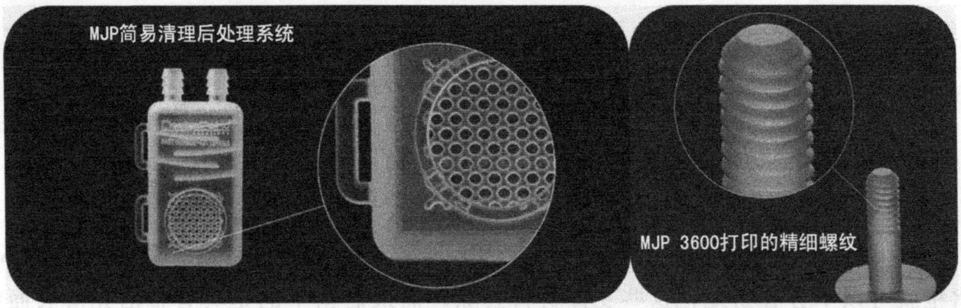

图 5-4 优质的外观质量

(3) 控制面板简介

在 Projet MJP 3600 机台的操作面板上有一主菜单栏，如图 5-5 所示。

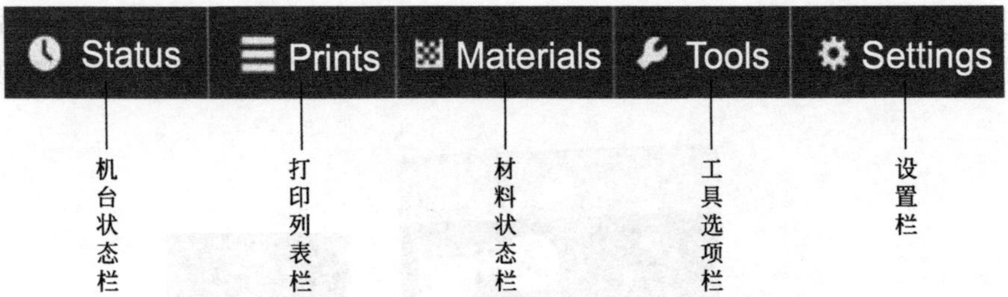

图 5-5 操作面板主菜单栏

① 机台状态栏。机台状态栏可预览打印零件、停止或中断打印、控制成型区的灯光开与关等操作，如图 5-6 所示。

② 打印列表栏。打印列表栏如图 5-7 所示。任务列表（Print）将按照名称和模式在列表中显示所有任务，同时允许用户删除任务、更改任务顺序、显示任务的具体详细信息。

③ 材料状态栏。材料状态栏如图 5-8 所示。材料状态栏用于显示成型材料与支撑材料的类型、重量、有效使用期等。

④ 工具选项栏。工具选项栏含打印诊断、打印机信息材料更换和 3D 打印机开关等功能。工具选项栏及展开栏如图 5-9 所示。

a. 打印诊断（Print Diags）：单击箭头并选择要执行的诊断类型。

b. 打印机 Log 档案下载（Log Files）：请求技术支持时，下载此档案，然后用 USB 连接打印机下载文档，最后将问题传给技工程师。

c. 打印机关机（Shutdown）：打印机关或重启或软件重启选项。

⑤ 设置栏。设置栏包括连接、网络设置、用户界面设置，如图 5-10 所示。

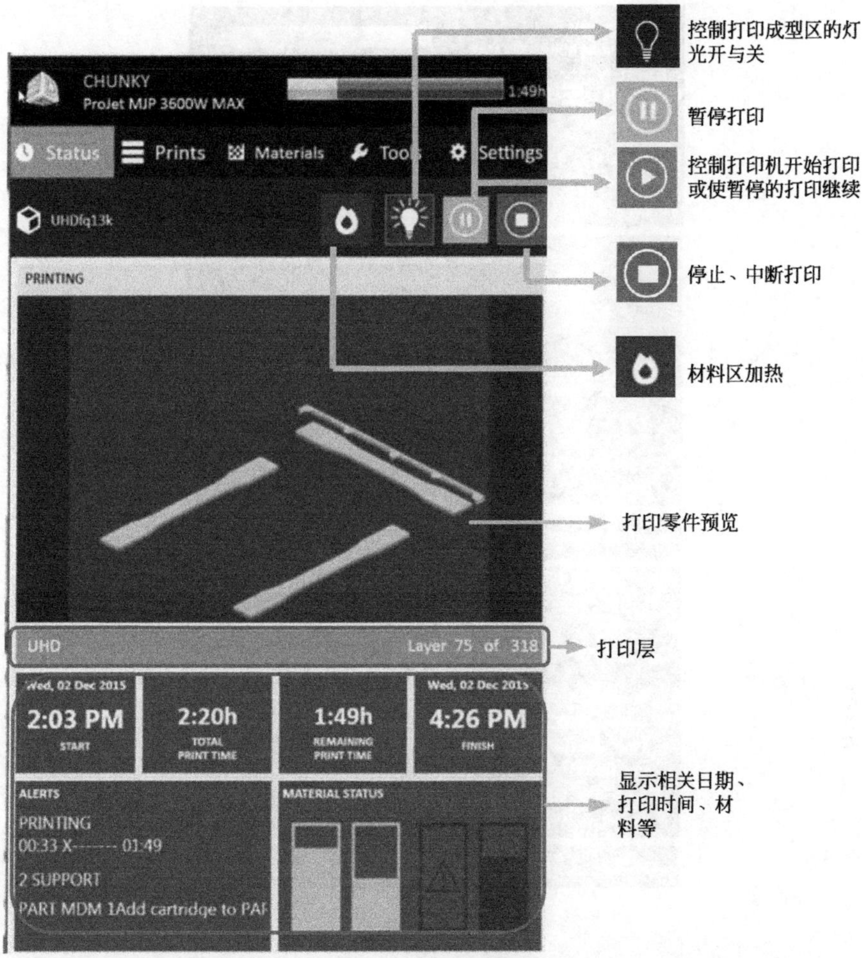

图 5-6 机台状态栏

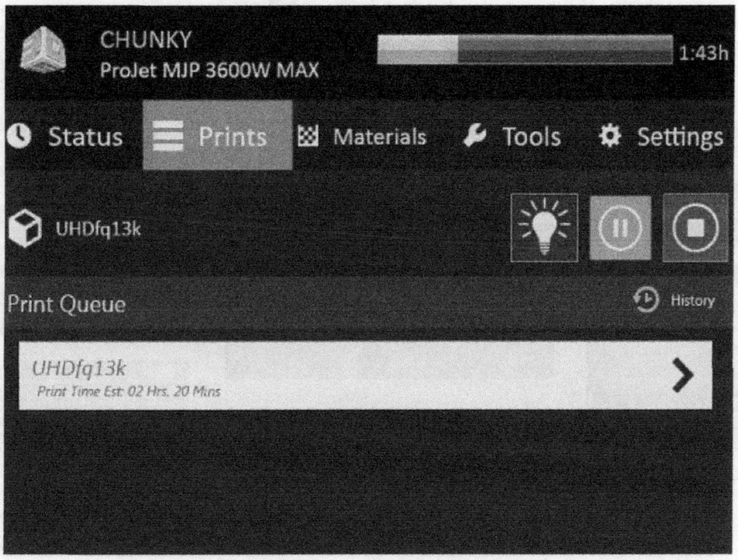

图 5-7 打印列表栏

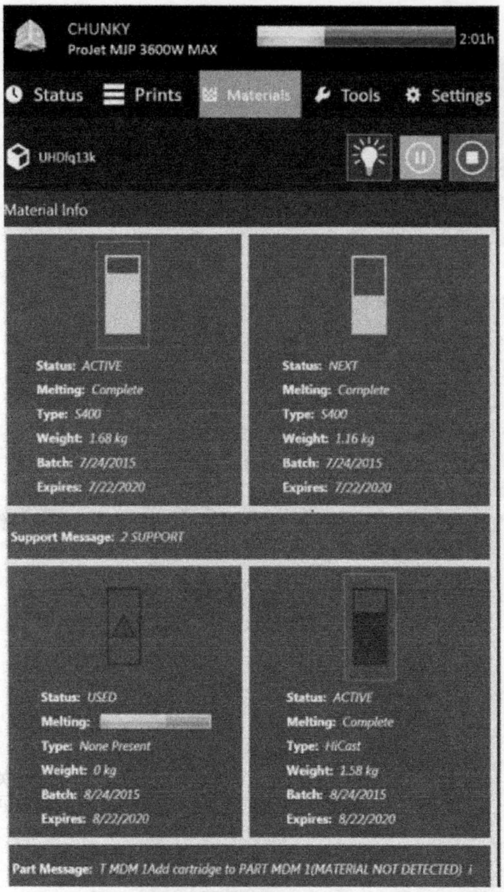

图 5-8　材料状态栏

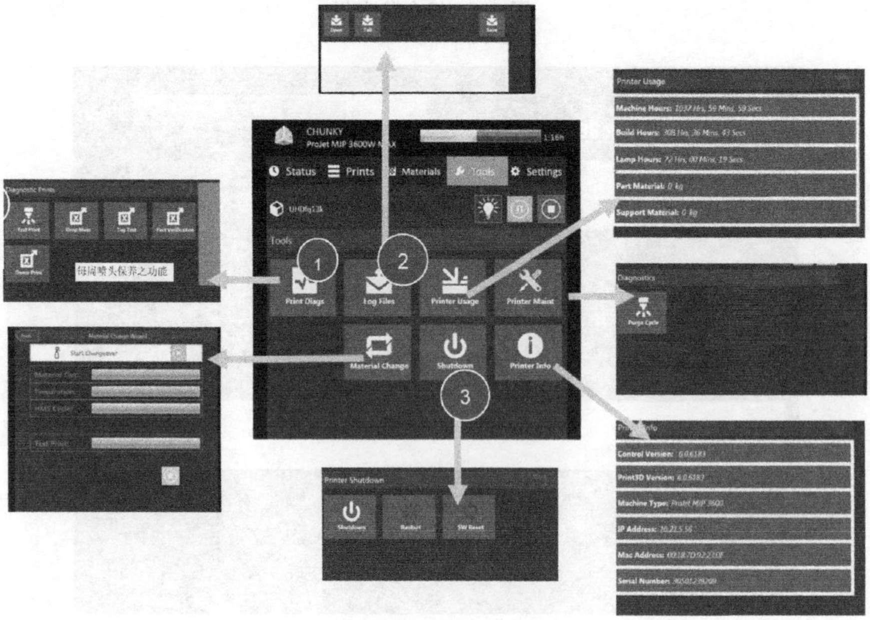

图 5-9　工具选项栏

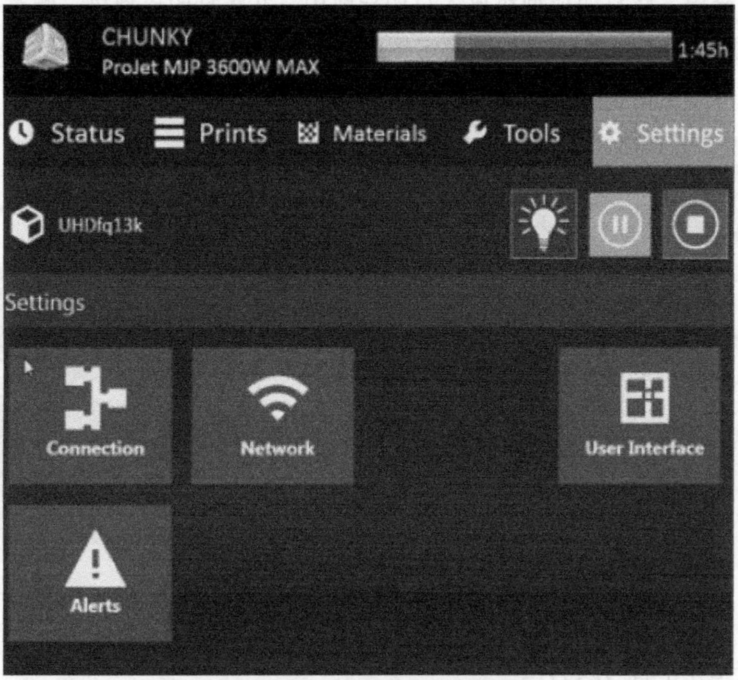

图 5-10 设置栏界面

5.1.3 Project MJP 3600 打印前期准备

(1) 检查打印材料

在打印之前，我们首先需要检查打印材料（包括成型材料及支撑材料两种）。在设备的操作面板上会显示 Support（支撑）与 Part（成型）的数量，请保持 Support（支撑）与 Part（成型）材料各两罐。Support（支撑）材料（白色外壳）添加在机器左边，Part（成型）材料（黑色外壳）则添加在机器右边，如图 5-11 所示。

提示： 当成型材料或支撑材料放入设备时，需要先将材料瓶盖松开 1/2，但不能打开。

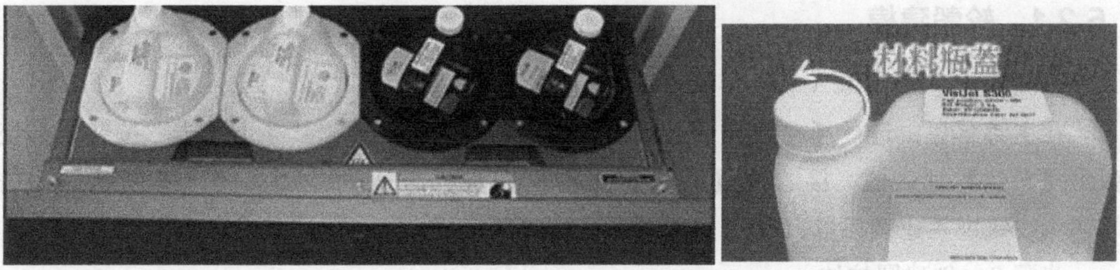

图 5-11 打印材料检查

(2) 打印成型块的放置

Project MJP 3600 打印设备提供两块打印成型块，当完成模型打印后，可将其中一块取下，另外一块安装上可继续打印。在安装打印平台时，需要对打印成型块进行清洁操作，一般采用异丙醇/酒精清洁。

打开成型仓门，将打印成型块放入打印导轨中，并将打印成型块一侧对准后部槽口的定位卡扣 2，接着拧出托架前部卡锁固定螺钉 1，然后按下卡锁 3，使打印成型块前部槽口与卡锁 3 对准，最后松开卡锁 3，使其与打印成型块固定，如图 5-12 所示。

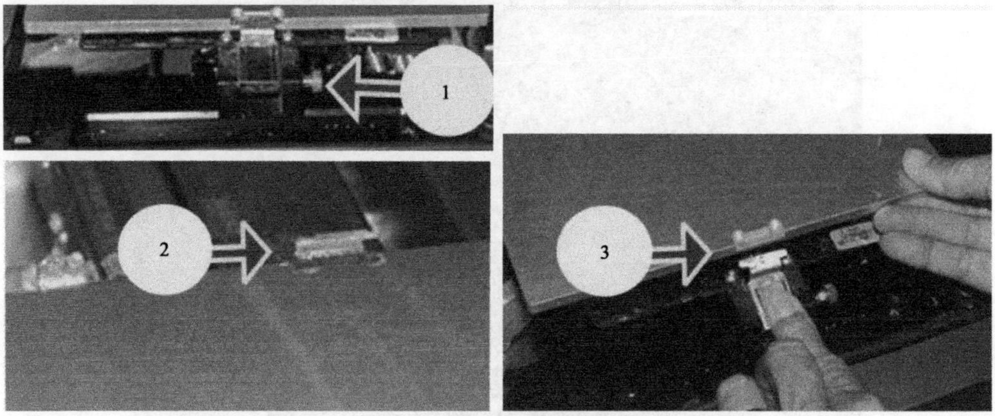

图 5-12　打印成型块的安装

1—螺钉；2—定位卡扣；3—卡锁

(3) 检查工作平台与废料区

当完成打印成型块的安装后，关上成型仓的门，然后系统会提示检查打印成型块，若成型块上无异物按 YES。此时系统会提示检查废料盒，打开图 5-3 所示的 D 区，检查废料区托盘是否需要清理。一般情况下，废料区托盘没有达到 80％容量，可关上废料抽屉不需清理；如果超过 80％容量，则需要清洁或更换废料托盘，完成这些工作后可关上废料区门。

注意：务必紧闭废料门，否则机台不会准备打印工作；紧闭废料门后，机台会侦测到关闭废料门的信息，并随即自动准备打印程序。

5.2 轮毂建模与 3D 打印

5.2.1 轮毂建模

步骤 1：进入 NX8.5 软件环境。

在主菜单栏中选择【文件】｜【新建】命令或在【标准】工具条中单击按钮，系统弹出【新建】对话框，接着在【名字】文本框中输入 lun gu，其余按系统默认，单击 确定 按钮进入建模环境。

步骤 2：创建圆柱体

在【部件导航器】中右击 基准坐标系 (0) 按钮，在弹出菜单栏中单击 显示(S) 按钮，将被隐藏的基准坐标系显示出来。在主菜单工具栏中选择【插入】｜【设计特征】｜【圆柱】命令或在【特征】工具条中单击按钮，系统弹出【圆柱】对话框，如图 5-13 所示。在【直径】文本框中输入 46，在【高度】文本框中输入 2，其余参数系统默认，单击 确定 按钮完成圆柱体的创建，如图 5-14 所示。

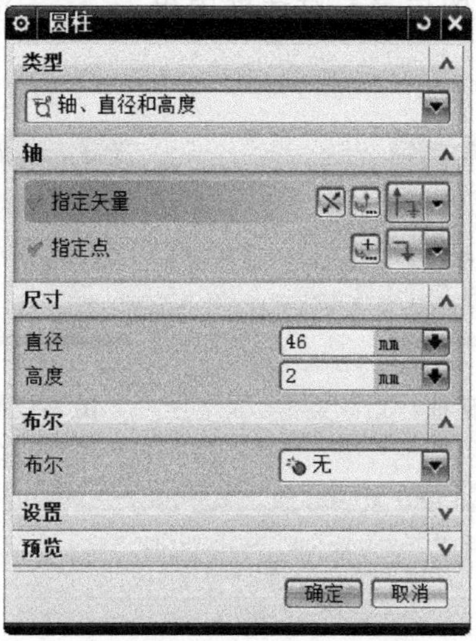

图 5-13 【圆柱】对话框

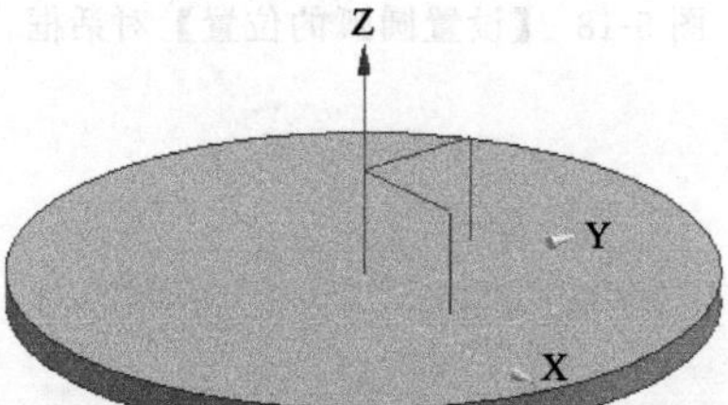

图 5-14 圆柱体创建结果

步骤 3：创建凸台

在主菜单工具栏中选择【插入】｜【设计特征】｜【凸台】命令或在【特征】工具条中单击按钮，系统弹出【凸台】对话框，如图 5-15 所示。

图 5-15 【凸台】对话框

① 在作图区选择圆柱表面作为凸台放置面，在【直径】文本框中输入 60，在【高度】文本框中输入 8，其余参数按系统默认，单击确定按钮后系统弹出【定位】对话框，如图 5-16 所示。

② 在【定位】对话框单击按钮，进入【点落在点上】对话框，如图 5-17 所示。接着在作图区选择圆的边界为目标对象后，系统弹出【设置圆弧的位置】对话框，如

图 5-18所示。在【设置圆弧的位置】对话框中单击圆弧中心按钮，完成凸台的创建，如图 5-19所示。

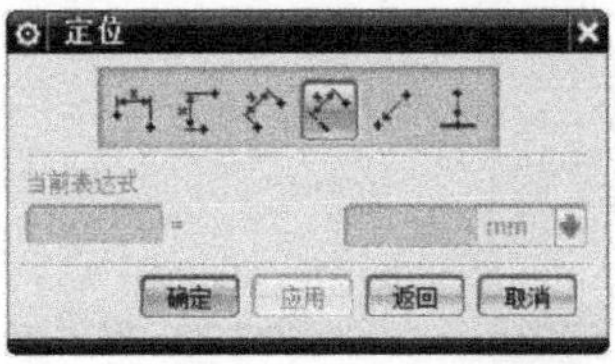

图 5-16 【定位】对话框

图 5-17 【点落在点上】对话框

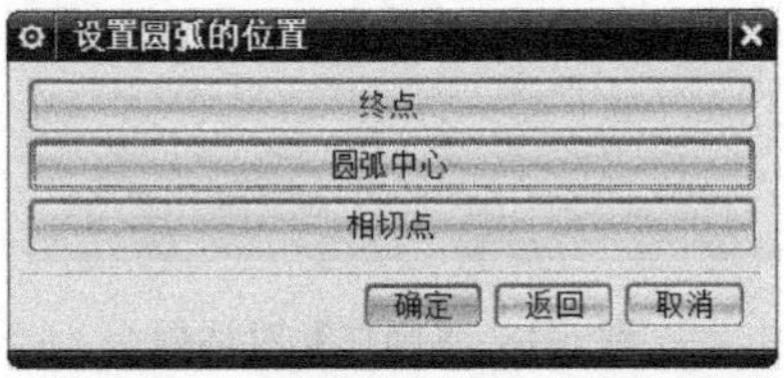

图 5-18 【设置圆弧的位置】对话框

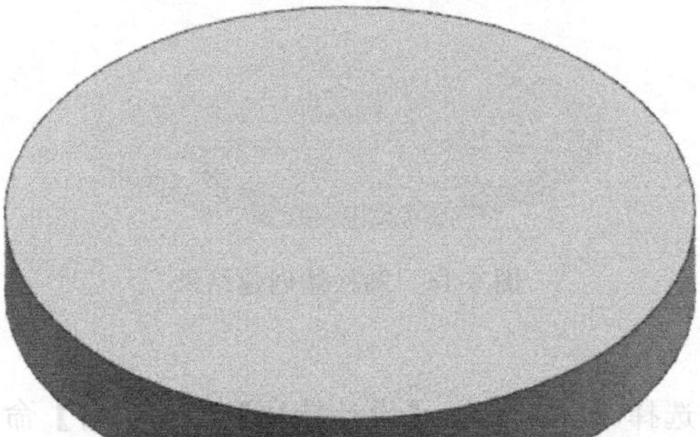

图 5-19 凸台的创建结果

步骤 4：切割凸台

在主菜单工具栏中选择【插入】|【设计特征】|【回转】命令或在【特征】工具条中单击按钮，系统弹出【回转】对话框，如图 5-20 所示。

① 在【截面】卷展栏中单击绘制截面图标按钮，系统弹出【创建草图】对话框，如图 5-21 所示。接着在作图区选择 *XZ* 平面为作图面，其余参数按系统默认，单击确定按钮进入草图环境。

② 利用【草图工具】工具栏中的命令，完成草图的相关绘制，并利用尺寸约束与几何约束功能完成相关尺寸标注及约束，结果如图 5-22 所示。接着在【草图工具】工具栏中单击完成草图按钮，完成草图截面绘制并返回【回转】对话框。

③ 在作图区选择 *Z* 轴旋转轴，在【限制】卷展栏中勾选开放轮廓智能体积选项，在【布尔】卷展栏的下拉选项中选择求差选项，其余参数按系统默认，单击确定按钮完成回转特征创建，结果如图 5-23 所示。

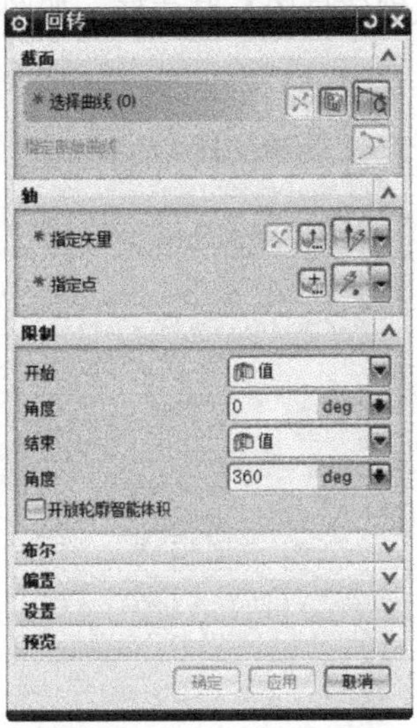

图 5-20 【回转】对话框

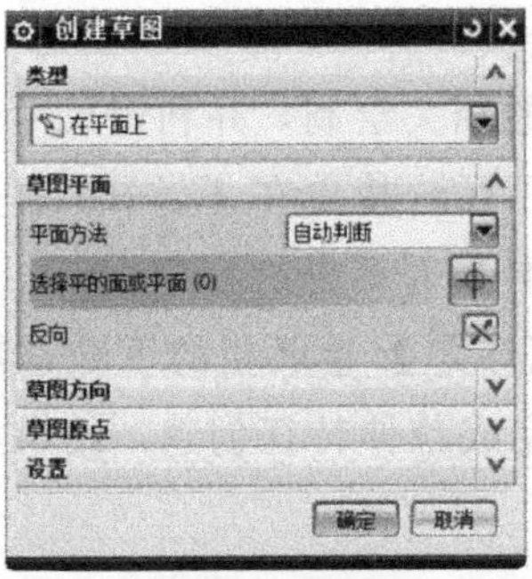

图 5-21 【创建草图】对话框

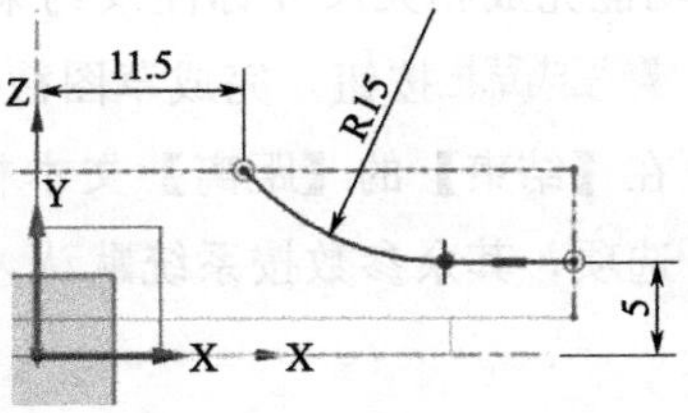

图 5-22 草图绘制结果

图 5-23 凸台切割结果

步骤 5：内部通槽创建

在主菜单工具栏中选择【插入】|【设计特征】|【拉伸】命令或在【特征】工具条中单击按钮，系统弹出【拉伸】对话框，如图 5-24 所示。在【截面】卷展栏中单击绘

制截面图标按钮，系统弹出【创建草图】对话框，如图 5-21 所示。在此不做任何更改，单击 确定 按钮进入草图环境。

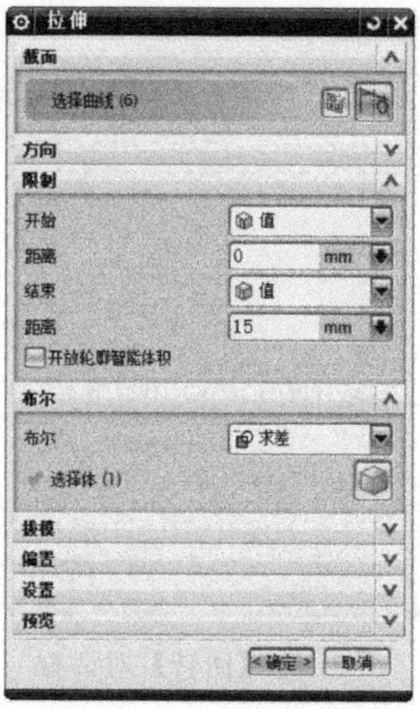

图 5-24 【拉伸】对话框

① 利用【草图工具】工具栏中的命令，完成草图的相关绘制，并利用尺寸约束与几何约束功能完成相关尺寸标注及约束，结果如图 5-25 所示。接着在【草图工具】工具栏中单击 完成草图按钮，完成草图截面绘制并返回【拉伸】对话框。

② 在【结束】的【距离】文本框中输入 15，在【布尔】卷展栏的下拉选项中选择 求差 选项，其余参数按系统默认，单击 确定 按钮完成拉伸特征创建，结果如图 5-26 所示。

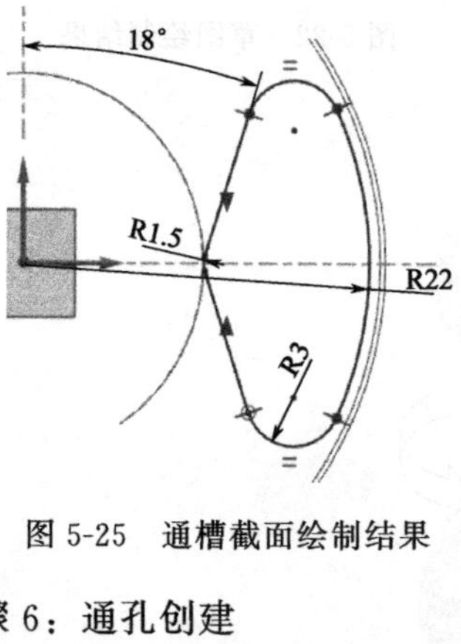

图 5-25 通槽截面绘制结果

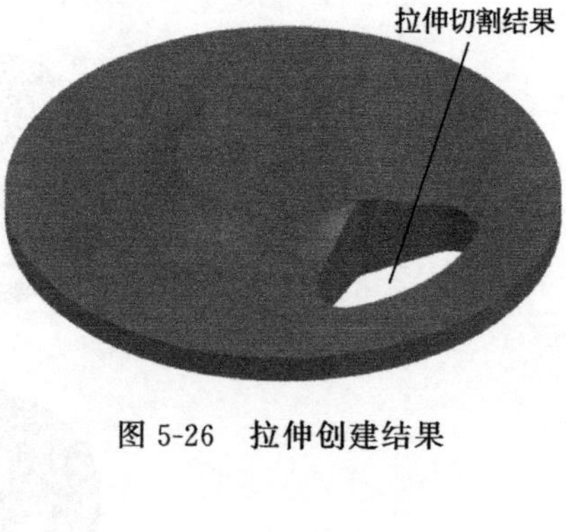

图 5-26 拉伸创建结果

步骤 6：通孔创建

在主菜单工具栏中选择【插入】|【设计特征】|【孔】命令或在【特征】工具条中单击按钮，系统弹出【孔】对话框，如图 5-27 所示。接着在【选择条】工具栏中单击按钮弹出【点】对话框，如图 5-28 所示。然后在【XC】文本框中输入－18，其余参数按系统默认，单击 确定 按钮返回【孔】对话框。

在【直径】文本框中输入 8，【深度限制】下拉选项中选择 贯通体 选项，其余参数按系统默认，单击 确定 按钮完成通孔的创建，结果如图 5-29 所示。

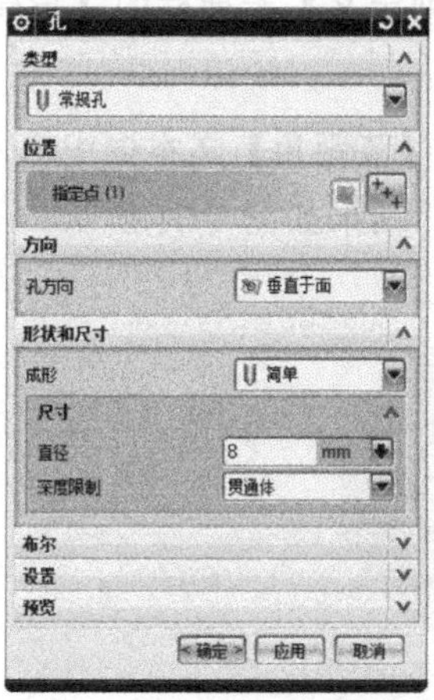

图 5-27 【孔】对话框

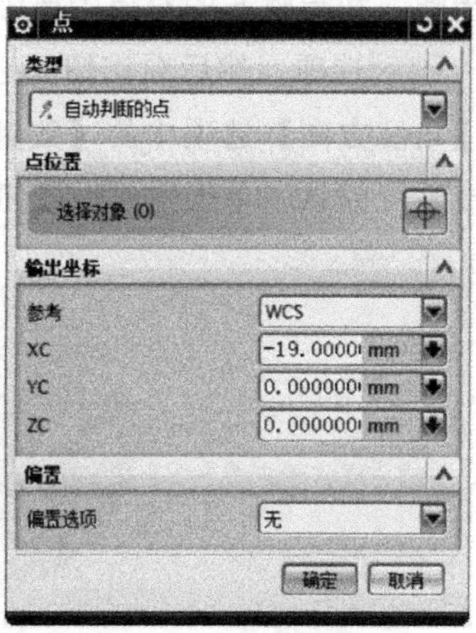

图 5-28 【点】对话框

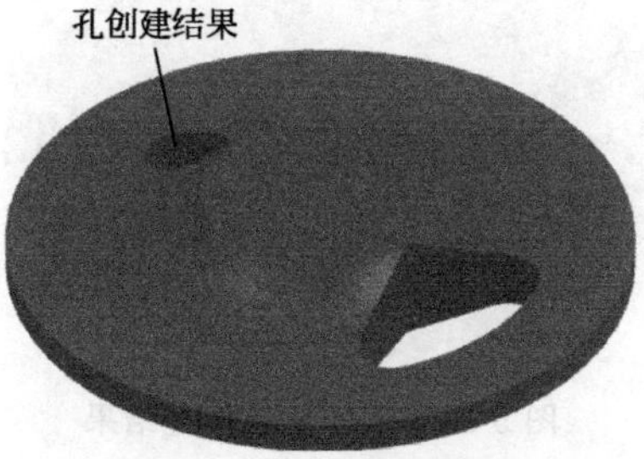

图 5-29 孔创建结果

步骤 7：阵列特征对象

在主菜单工具栏中选择【插入】|【关联复制】|【阵列特征】命令或在【关联复制】工具条中单击按钮，系统弹出【阵列特征】对话框，如图 5-30 所示。接着在作图

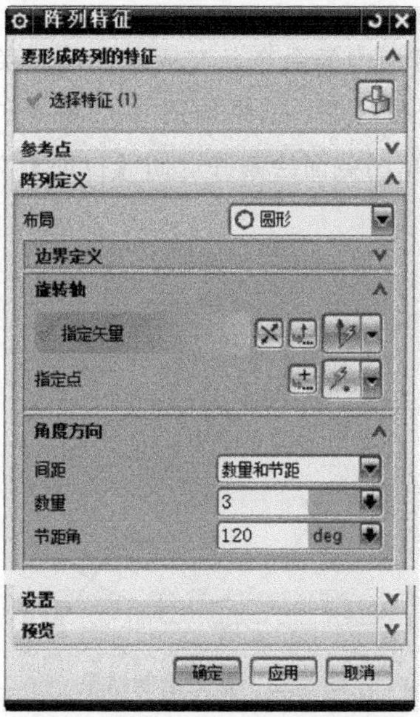

图 5-30 【阵列特征】对话框

区选择步骤 5 和步骤 6 的对象为要阵列的特征，在【阵列定义】卷展栏的【布局】下拉选项选择 圆形 选项，然后在作图区选择 Z 轴为旋转轴。

在【角度方向】选项中的【数量】文本框中输入 3，【节距角】文本框中输入 120，其余参数按系统默认，单击 确定 按钮完成阵列特征操作，结果如图 5-31 所示。

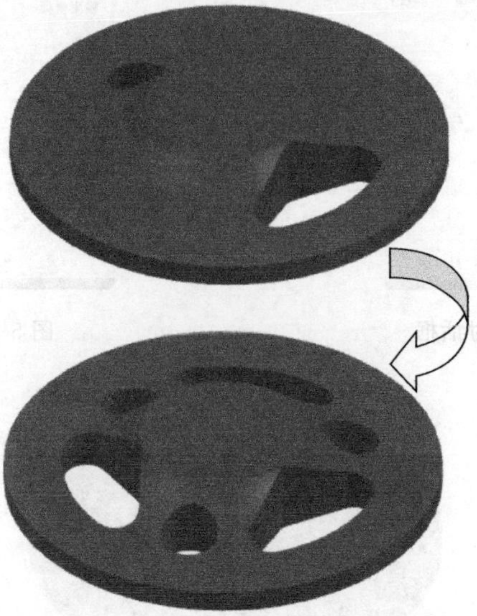

图 5-31 阵列特征创建结果

步骤 8：连轴孔创建

在主菜单工具栏中选择【插入】|【设计特征】|【拉伸】命令或在【特征】工具条中单击按钮，系统弹出【拉伸】对话框，如图 5-24 所示。在【截面】卷展栏中单击绘制截面图标按钮，系统弹出【创建草图】对话框（图 5-21），在此不做任何更改，单击 确定 按钮进入草图环境。

① 利用【草图工具】工具栏中的命令，完成草图的相关绘制，并利用尺寸约束与几何约束功能完成相关尺寸标注及约束，结果如图 5-32 所示。接着在【草图工具】工具栏中单击 完成草图 按钮，完成草图截面绘制并返回【拉伸】对话框。

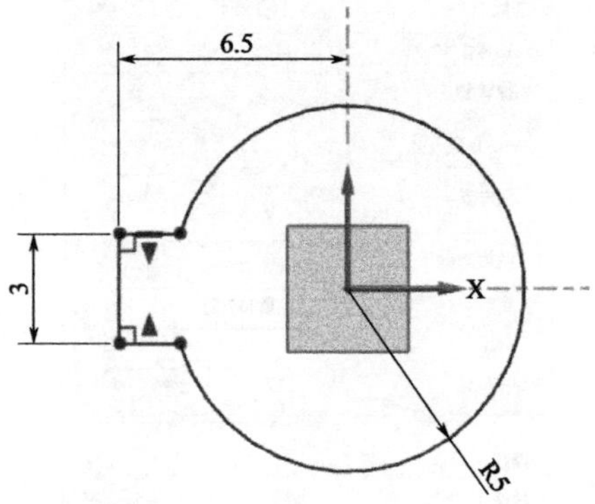

图 5-32 草图绘制结果

② 在【结束】的【距离】文本框中输入 15，在【布尔】卷展栏的下拉选项中选择

求差选项，其余参数按系统默认，单击确定按钮完成拉伸特征创建，结果如图 5-33 所示。

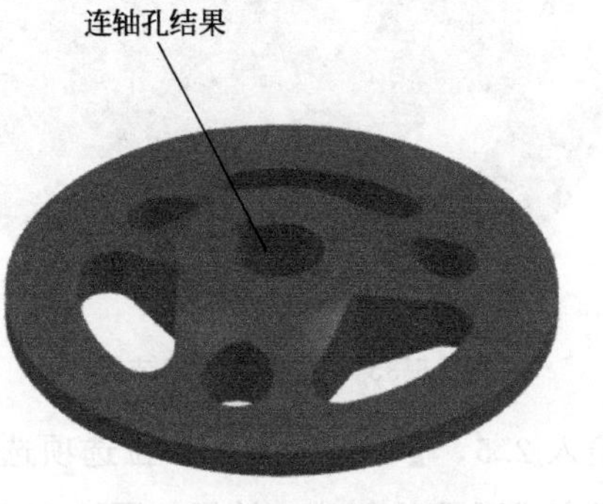

图 5-33 连轴孔创建结果

步骤 9：腰形槽创建

在主菜单工具栏中选择【插入】|【设计特征】|【拉伸】命令或在【特征】工具条中单击按钮，系统弹出【拉伸】对话框，如图 5-24 所示。在【截面】卷展栏中单击绘制截面图标按钮，系统弹出【创建草图】对话框，如图 5-21 所示。在此不做任何更改，单击确定按钮进入草图环境。

① 利用【草图工具】工具栏中的命令，完成草图的相关绘制，并利用尺寸约束与几何约束功能完成相关尺寸标注及约束，结果如图 5-34 所示。接着在【草图工具】工具栏中单击完成草图按钮，完成草图截面绘制并返回【拉伸】对话框。

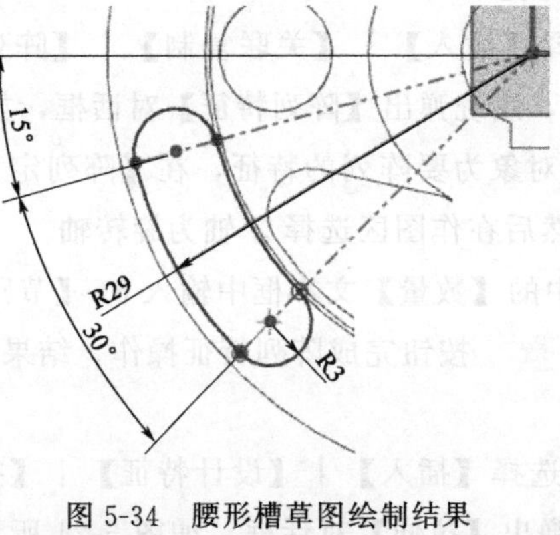

图 5-34 腰形槽草图绘制结果

② 在【起始】的距离文本框中输入 4，【结束】的【距离】文本框中输入 15，在【布尔】卷展栏的下拉选项中选择求差选项，其余参数按系统默认，单击确定按钮完成拉伸特征创建，结果如图 5-35 所示。

步骤 10：通孔创建

在主菜单工具栏中选择【插入】|【设计特征】|【孔】命令或在【特征】工具条中单击按钮，系统弹出【孔】对话框，如图 5-27 所示。接着在【选择条】工具栏中单击按钮弹出【点】对话框，如图 5-28 所示。然后在【XC】文本框中输入－26，其余参数按系统默认，单击确定按钮返回【孔】对话框。

图 5-35　腰形槽创建结果

在【直径】文本框中输入 2.5，【深度限制】下拉选项选择贯通体选项，其余参数按系统默认，单击确定按钮完成通孔的创建，结果如图 5-36 所示。

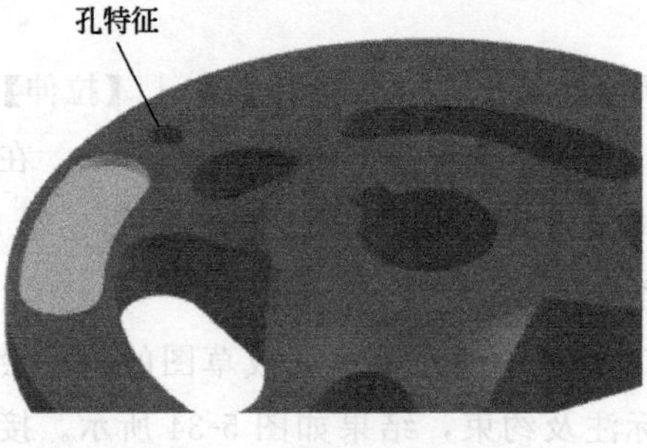

图 5-36　孔特征创建结果

步骤 11：阵列腰形槽与孔

在主菜单工具栏中选择【插入】|【关联复制】|【阵列特征】命令或在【关联复制】工具条中单击按钮，系统弹出【阵列特征】对话框，如图 5-30 所示。接着在作图区选择步骤 9 和步骤 10 的对象为要阵列的特征，在【阵列定义】卷展栏的【布局】下拉选项中选择圆形选项，然后在作图区选择 Z 轴为旋转轴。

在【角度方向】选项中的【数量】文本框中输入 6，【节距角】文本框中输入 60，其余参数按系统默认，单击确定按钮完成阵列特征操作，结果如图 5-37 所示。

步骤 12：沉头孔创建

① 在主菜单工具栏中选择【插入】|【设计特征】|【拉伸】命令或在【特征】工具条中单击按钮，系统弹出【拉伸】对话框，如图 5-24 所示。在【截面】卷展栏中单击绘制截面图标按钮，系统弹出【创建草图】对话框，如图 5-21 所示。在作图区选择 YZ 平面为草图平面，单击确定按钮进入草图环境。

a. 利用【草图工具】工具栏中的命令，完成草图的相关绘制，并利用尺寸约束与几何约束功能完成相关尺寸标注及约束，结果如图 5-38 所示。接着在【草图】工具栏中单击完成草图按钮，完成草图截面绘制并返回【拉伸】对话框。

b. 在【起始】的【距离】文本框中输入 4，【结束】的【距离】文本框中输入 15，在【布尔】卷展栏的下拉选项中选择求差选项，其余参数按系统默认，单击确定按钮完成拉伸特征创建，结果如图 5-39 所示。

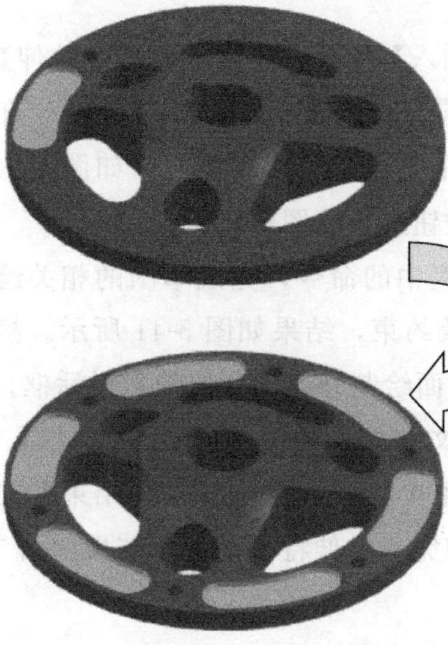

图 5-37　阵列特征结果

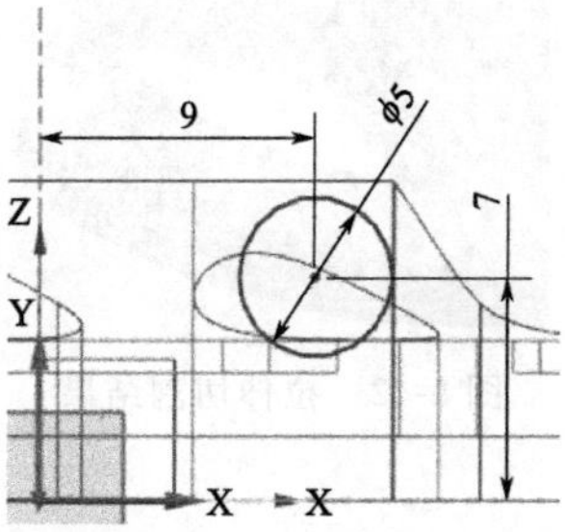

图 5-38　草图创建结果

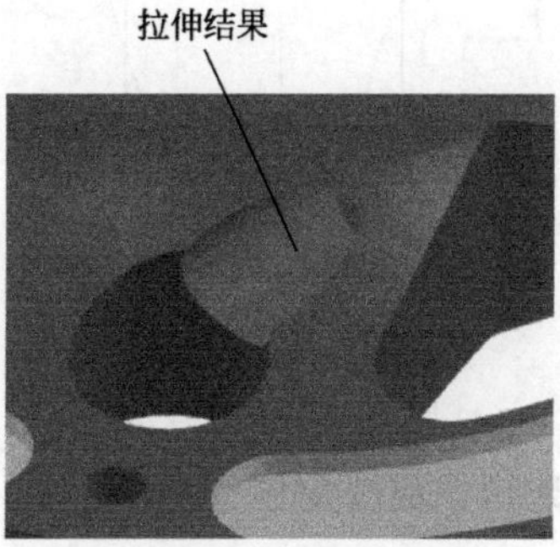

图 5-39　拉伸结果

② 在主菜单工具栏中选择【插入】|【设计特征】|【孔】命令或在【特征】工具条中单击按钮，系统弹出【孔】对话框，如图 5-27 所示。接着在作图区选择图 5-39 的圆弧中心为位置点，在【直径】文本框输入 3，在【深度限制】下拉选项选择 贯通体 选项，其余参数按系统默认，单击 确定 按钮完成通孔的创建，结果如图 5-40 所示。

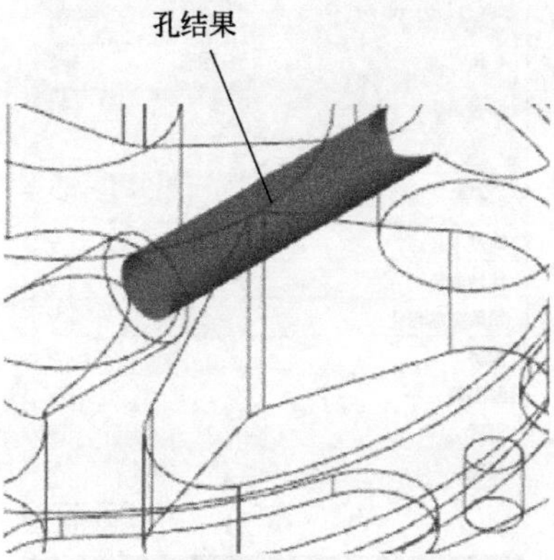

图 5-40　孔创建结果

步骤 13：缺口创建

在主菜单工具栏中选择【插入】|【设计特征】|【拉伸】命令或在【特征】工具条中单击按钮，系统弹出【拉伸】对话框，如图 5-24 所示。在【截面】卷展栏中单击绘制截面图标按钮，系统弹出【创建草图】对话框，如图 5-21 所示。在作图区选择 YZ 平面为草图平面，单击确定按钮进入草图环境。

① 利用【草图工具】工具栏中的命令，完成草图的相关绘制，并利用尺寸约束与几何约束功能完成相关尺寸标注及约束，结果如图 5-41 所示。接着在【草图】工具栏中单击完成草图按钮，完成草图截面绘制并返回【拉伸】对话框。

② 在【结束】的【距离】文本框中输入 15，在【布尔】卷展栏的下拉选项中选择求差选项，在【偏置】下拉菜单选择两侧，在【结束】文本框中输入 0.25，其余参数按系统默认，单击确定按钮完成拉伸特征创建，结果如图 5-42 所示。

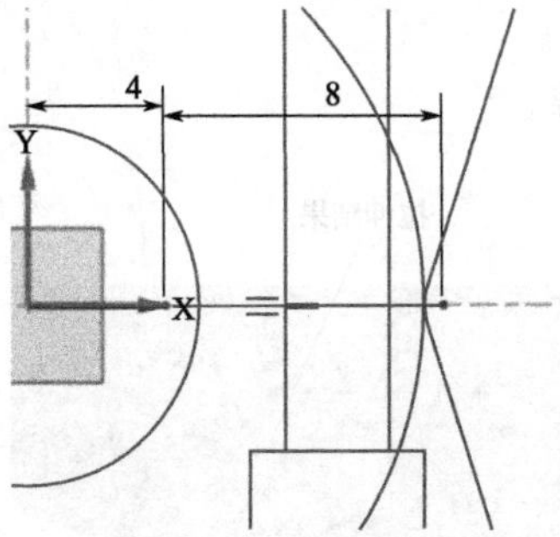

图 5-41　草图结果

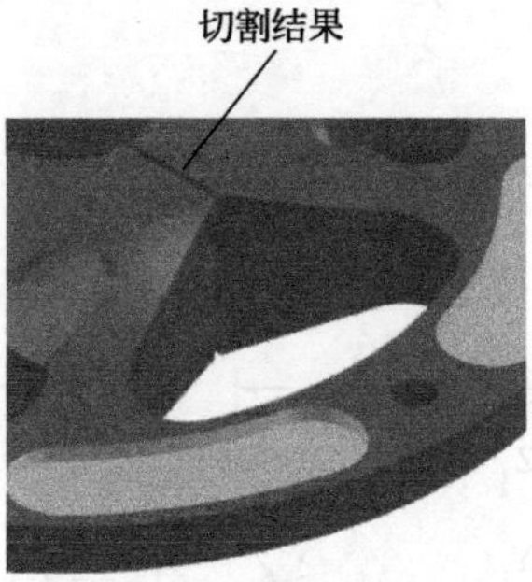

图 5-42　拉伸切割结果

步骤 14：倒圆角创建

在主菜单工具栏中选择【插入】|【细节特征】|【边倒圆】命令或在【细节特征】工具条中单击按钮，系统弹出【边倒圆】对话框，如图 5-43 所示。在【半径 1】文本框输入 0.5，接着在作图区选择如图 5-44 所示的边为要倒圆的边，其余参数按系统默认，单击确定按钮完成倒圆角操作，结果如图 5-45 所示。

图 5-43　【边倒圆】对话框

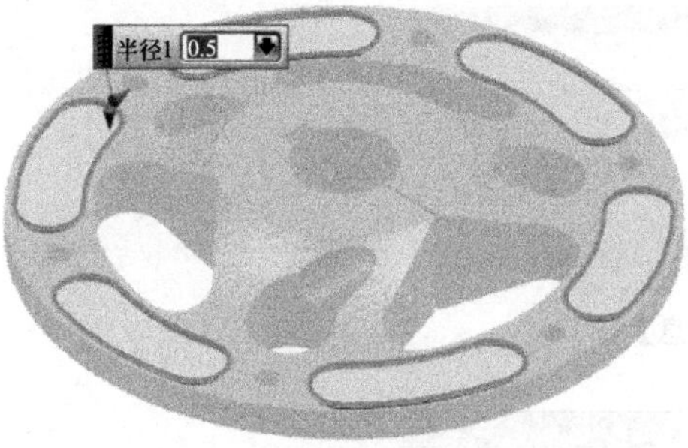

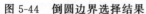

图 5-44 倒圆边界选择结果

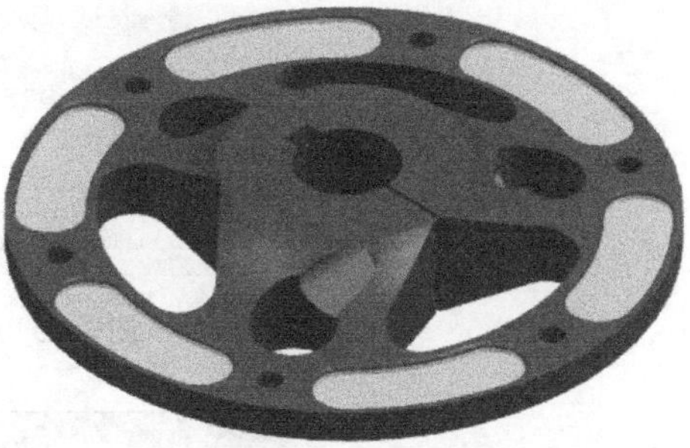

图 5-45 边倒圆结果

5.2.2 轮毂 3D 打印

步骤 1：添加打印机

在桌面双击图标，在 Client Manager 软件中双击添加模型图标按钮，系统弹出【Add a 3-D Modeler】对话框，如图 5-46 所示。接着选择已与软件联网的打印设备并单击 OK 按钮，系统弹出【Enter 3-D Molder Name】对话框，如图 5-47 所示。再次单击 OK 按钮，系统返回软件操作界面，结果如图 5-48 所示。

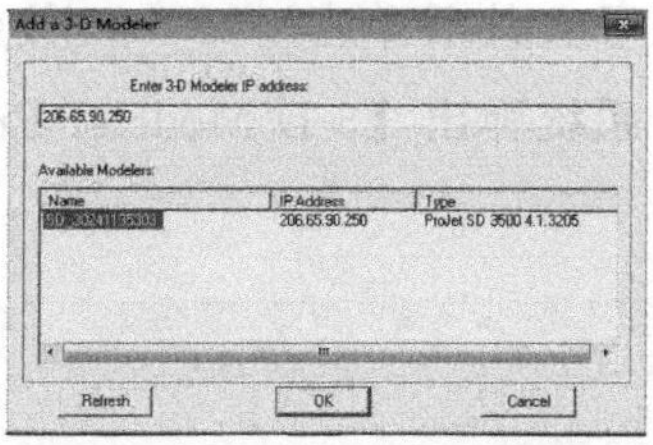

图 5-46 【Add a 3-D Modeler】对话框

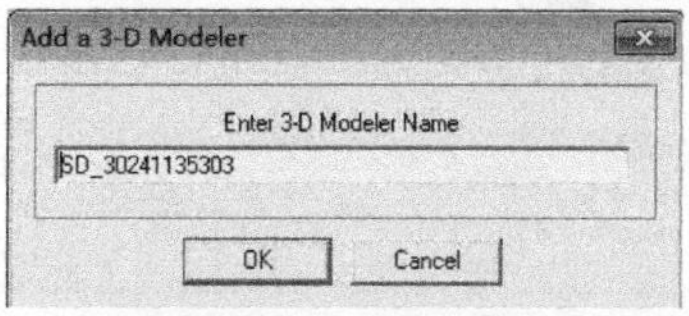

图 5-47 【Enter 3-D Molder Name】对话框

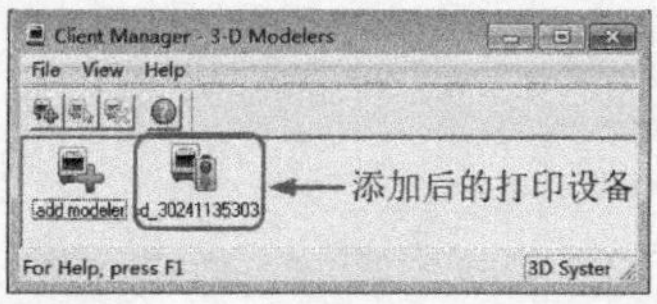

图 5-48 添加完成打印机

步骤 2：添加打印文档

在 Client Manager 软件中双击添加的打印设备，系统会弹出【打印信息】窗口，如图 5-49 所示。在打印窗口的左上角处单击 Submit 图标按钮，系统弹出【Submit】对话框，如图 5-50 所示。

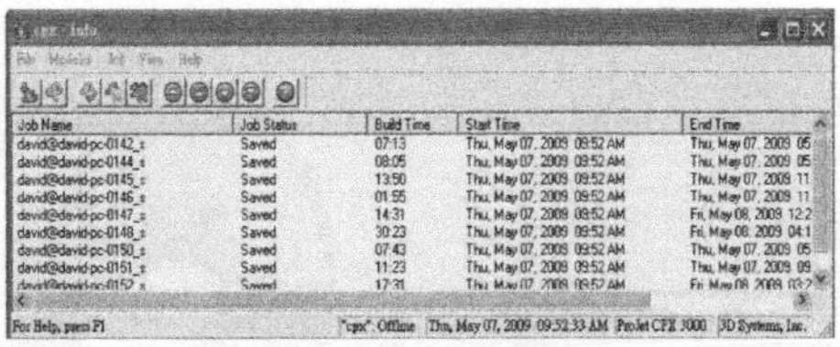

图 5-49 【打印信息】窗口

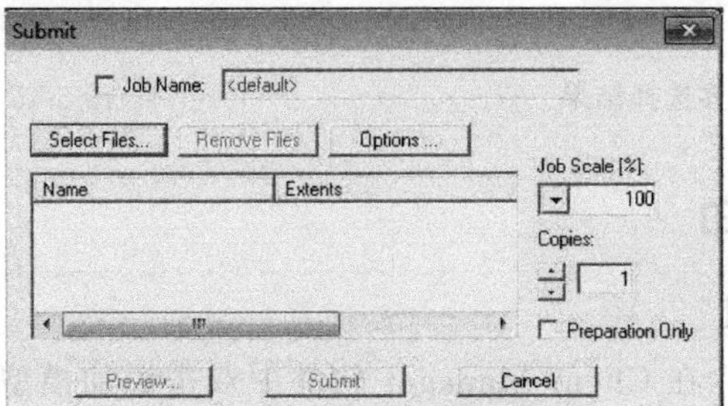

图 5-50 【Submit】对话框

在【Submit】对话框中单击 Select Files... 按钮，系统弹出【Select CAD Files】对话框，如图 5-51 所示。找到相关的练习文件后单击 打开(O) 按钮，系统返回【Submit】对话框。接着单击 Preview... 按钮，系统弹出【3-D Modeler Print Preview】窗口，如图 5-52 所示。

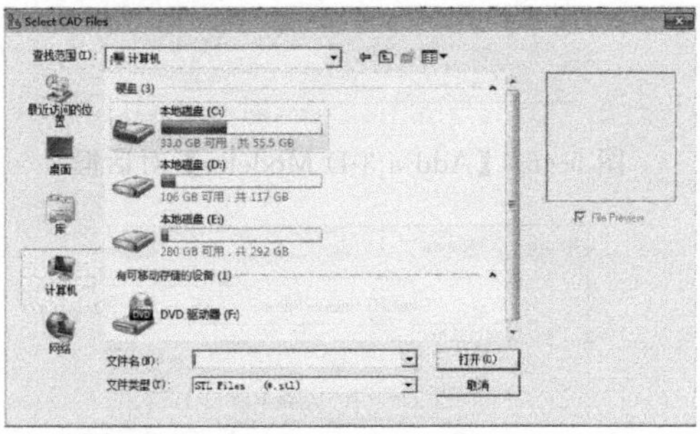

图 5-51 【Select CAD Files】对话框

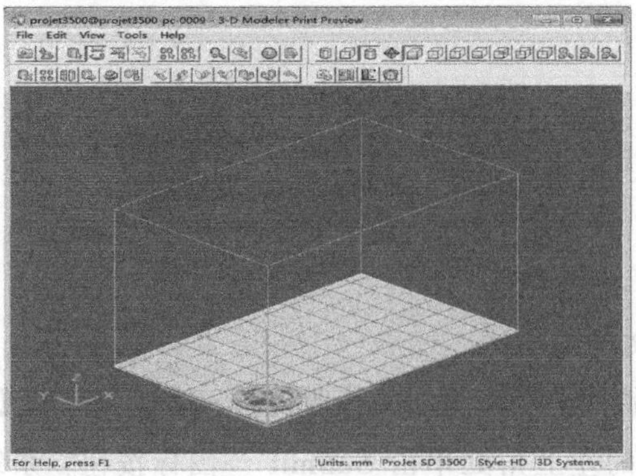

图 5-52 打印预览窗口

步骤 3：复制模型

由于这个模型需要打印两个，因此我们可以利用复制功能进行复制模型，具体如下：在【编辑栏】工具栏中单击图标按钮，系统弹出【Copy Selected Parts】对话框，如图 5-53 所示。接着在【Y】轴文本框中输入 5，其余参数默认，单击 OK 按钮完成复制操作，结果如图 5-54 所示。

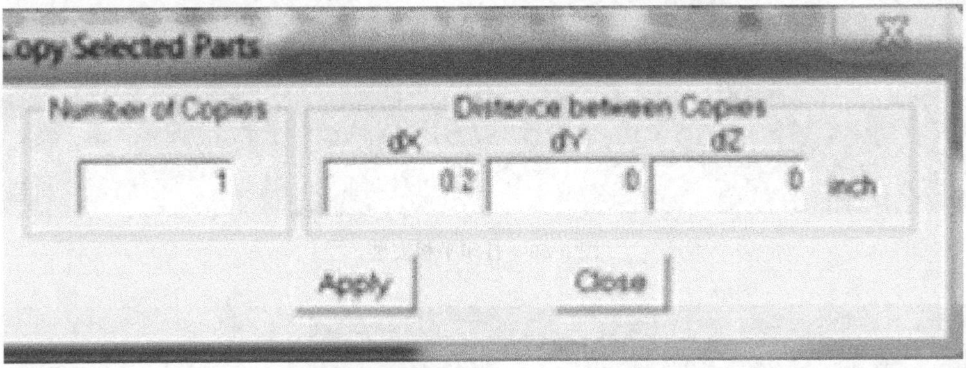

图 5-53 【Copy Selected Parts】对话框

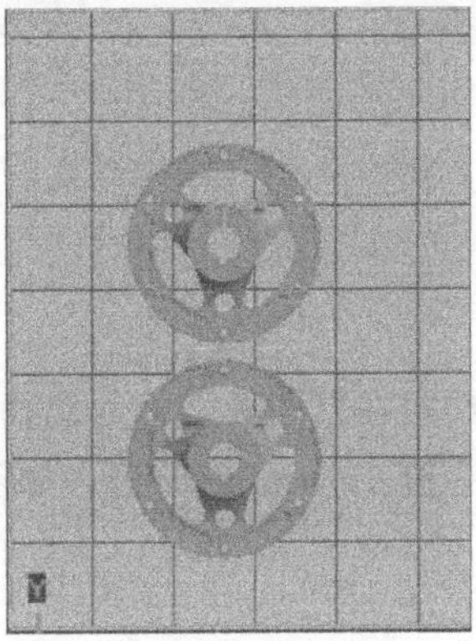

图 5-54 复制结果

步骤 4：添加到打印队列

完成图档的复制和优化摆放后，接着就将文档发送到打印机设备。在【主要工具栏中】单击图标按钮，系统弹出【打印信息】对话框，如图 5-55 所示。

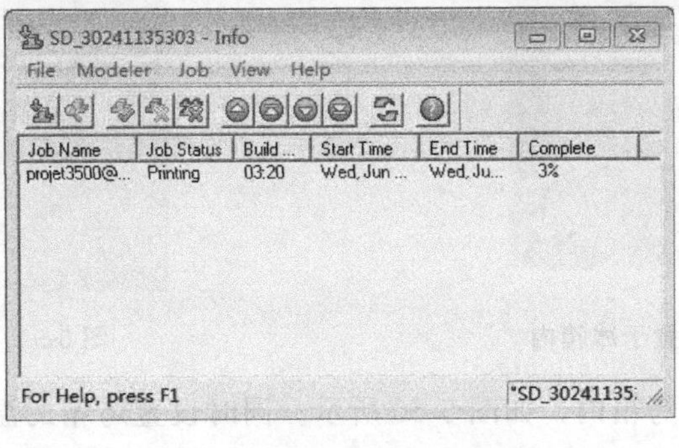

图 5-55 【打印信息】对话框

步骤 5：打印产品

当我们完成图档发布后，在 ProJet MJP 3600 设备界面上找到【打印列表】按钮，找到刚发送的文档。接着打开设备的防护门，将打印的平板放入指定位置（图 5-56），同时关闭防护门。最后单击打印▶按钮开始打印，结果如图 5-57 所示。

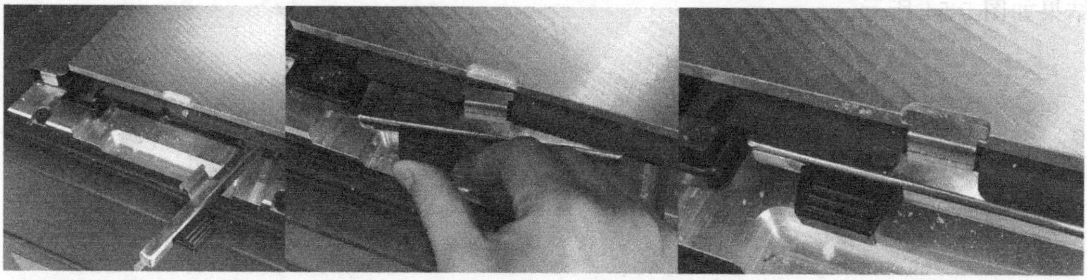

图 5-56　打印平板安装

图 5-57　打印产品结果

5.2.3　产品后期处理

当产品打印完成后，产品会贴附在打印板上，为此我们将打印板整块拆卸，然后将整块板放进冰箱中进行降温处理（一般 2～4min 即可），如图 5-58 所示。此时产品从打印板上脱落，如图 5-59 所示。

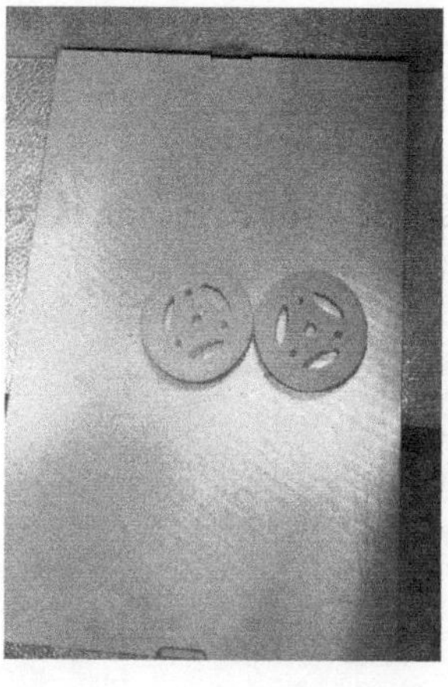

图 5-58　产品置于冰箱内

图 5-59　产品脱落

将脱落的产品放入烤箱内，如图 5-60 所示。同时设置烤箱的温度最高 55℃，关好门进行加热，如图 5-61 所示。通过加热产品的内部支撑蜡会去除，如图 5-62 所示。加热一段时间后，支撑蜡会大部分去除，中间会有一点小残余蜡未除，这时可以通过油浴进行去除。

图 5-60 将产品置于烤箱中

图 5-61 关门加热产品

图 5-62 支撑蜡去除

首先将食用油倒入油炉中，产品放入滤网框中并浸泡于油炉中，如图 5-63 所示；然后设置温度至 55℃并开始加热（达到油温之后油炉不再加热），产品在 55℃的油温中浸泡约 5min，最后取出滤网框中的产品，如图 5-64 所示。

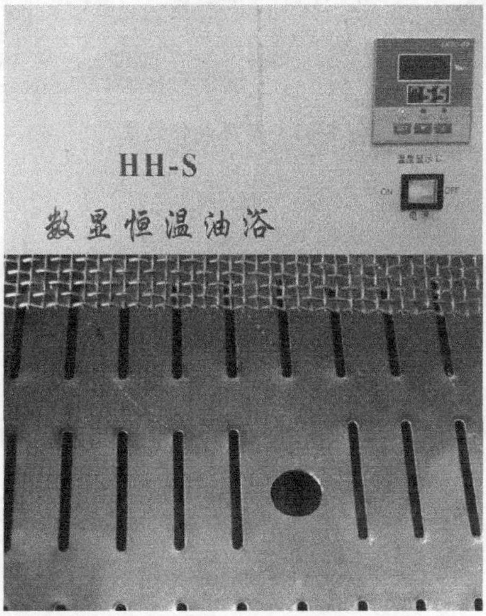

图 5-63 熔蜡油炉

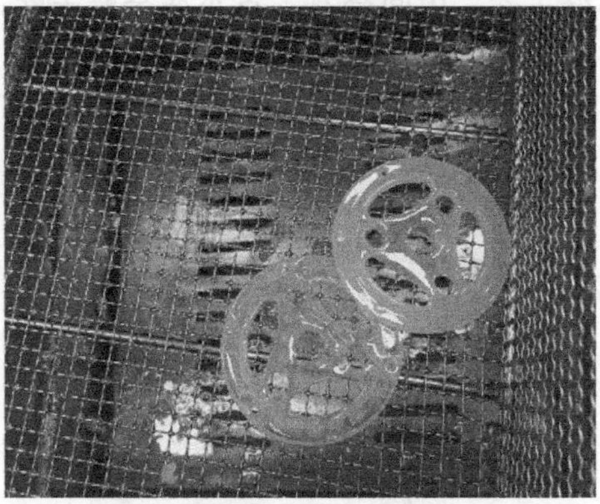

图 5-64　取出工件

从油炉里取出工件后用纸巾进行擦干即可，如果工件结构比较复杂不好擦拭时，可以使用肥皂水进行清洗，最后如图 5-65 所示。

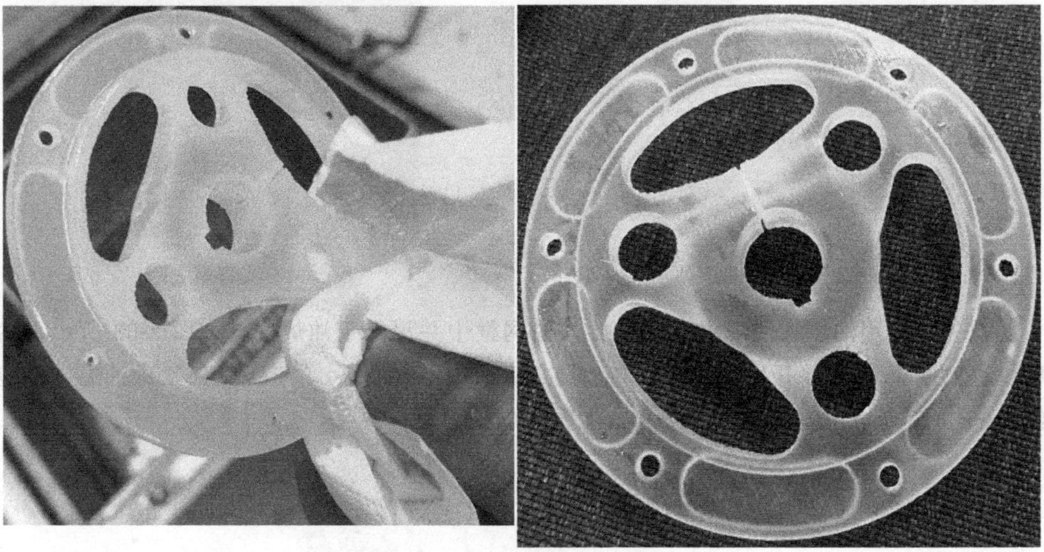

图 5-65　产品制作结果

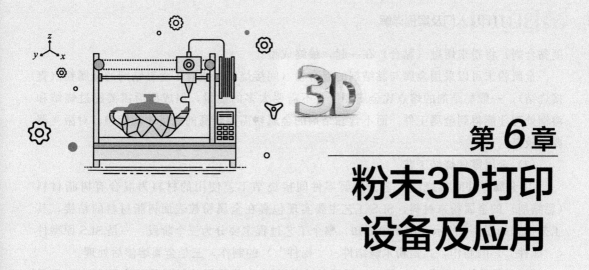

第6章 粉末3D打印设备及应用

6.1 粉末材料与设备

6.1.1 粉末材料简介

理论上讲，所有受热/增加黏合剂后能相互粘接的粉末材料或表面覆有热塑（固）性黏结剂的粉末材料都能用作3D打印材料。但要真正适合烧结/粘接，要求粉末材料有良好的热塑（固）性、一定的导热性或可粘接性，粉末经激光烧结/粘接后要有一定的结合强度；粉末材料的粒度不宜过大，否则会降低成型件质量；而且烧结材料还应有较窄的“软化-固化”温度范围，该温度范围较大时制件的精度会受影响。

工程上一般采用粒度的大小来划分颗粒等级（表6-1），SLS工艺采用的粉末粒度一般在50～125μm之间。

表6-1　工程上粉体的等级相应的粒度范围

粉体等级	粒度范围	粉体等级	粒度范围
粒体	＞10mm	细粉末或微粉末	10nm～1μm
粉粒	100μm～10mm	超微粉末(纳米粉末)	＜1nm
粉末	1～100μm		

（1）粉末材料的基本要求

大体来讲，3D打印激光烧结成型工艺对粉末材料的基本要求如下。

① 具有良好的烧结性能，无需特殊工艺即可快速、精确地制作成型原型。

② 对于直接用作功能零件或模具的原型，力学性能和物理性能（如强度、刚性、热稳定性、导热性及加工性能）要满足使用要求。

③ 当原型间接使用时，要有利于快速方便的后续处理和加工工序，即与后续工艺的接口性要好。

对于金属粉末除需具有良好的可塑性外，还必须满足粉末粒径细小、粒度分布较窄、球形度高、流动性好和松装密度高等要求。其工作过程一般是用高能量的激光（或者高强度黏合剂）将粉末熔融（黏合）在一起，最终成型。

金属粉末可以采用金属与黏结剂的混合粉（间接烧结）或者不含黏结剂的金属粉（直接烧结）。一般黏结剂的熔点比金属要低，不需要太多的能量，但成型后需要经过烧结和渗铜处理才能得到金属工件。而不含黏结剂的金属粉需要较高的能量才能熔融，对激光器要求较高。

（2）金属零件烧结工艺

① 金属零件间接烧结工艺。金属零件间接烧结工艺使用的材料为混合有树脂材料（黏结剂）的金属粉末材料，SLS 工艺主要实现包裹在金属粉粒表面树脂材料的粘接，其工艺过程如图 6-1 所示。由图中可知，整个工艺过程主要分为三个阶段：一是 SLS 原型件（“绿件”）的制作，二是粉末烧结件（“褐件”）的制作，三是金属熔渗后处理。

② 金属零件直接烧结工艺。金属零件直接烧结工艺采用的材料是纯金属粉末，是采用激光能源对金属粉末直接烧结使其融化，实现叠层的堆积，其工艺流程如图 6-2 所示。金属零件直接烧结成型过程较间接金属零件制作过程明显缩短，无需间接烧结时复杂的后处理阶段。但必须有较大功率的激光器，以保证直接烧结过程中金属粉末的直接熔化。因此，直接烧结中激光参数的选择、被烧结金属粉末材料的熔凝过程及控制是烧结成型中的关键。

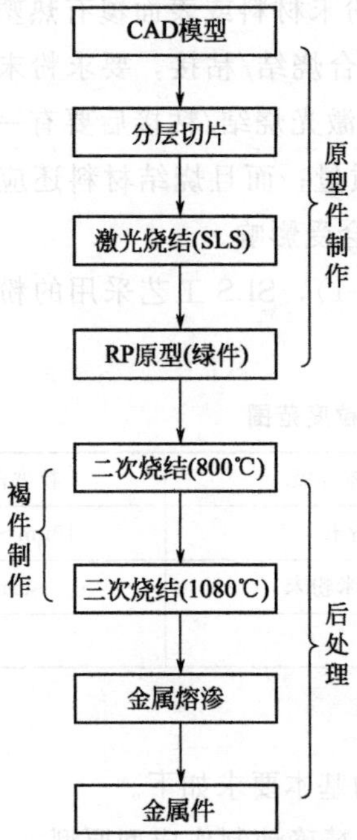

图 6-1　金属零件间接烧结工艺

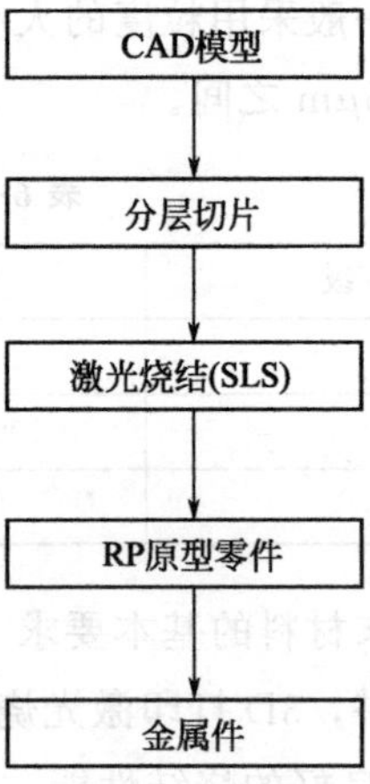

图 6-2　金属零件直接烧结工艺

目前研究选择性激光烧结成型机的单位主要有美国 DTM 公司、德国 EOS 公司，以及我国的华中科技大学（武汉滨湖机电产业有限责任公司）、北京隆源自动成型有限公司、湖南华曙高科等。研究选择性激光熔融成型机的单位有德国 EOS 公司、美国 3D Systems 公司，以及我国的华中科技大学和华南理工大学等。研究能量束沉积成型机的单位有美国 Sciaky 公司以及我国的北京航空航天大学、西北工业大学。研究黏合剂喷射成型机的单位有美国 Zcop 公司等。表 6-2 是某公司开发的粉末材料及性能，供读者了解。

表 6-2 某公司开发的部分粉末材料及性能

型号 指标	DirectSteel 50-V1	DirectSteel 50-V2	DirectSteel 50-V3	PA 2200	PA 3200 gf	EOSINT Squartz
颜色	灰	棕	棕	白	白	棕
粒子尺寸/μm	50	50	100	50	50	160
密度/(g/cm³)	8.2	9	9	1.03		
粉末密度/(g/cm³)	4.3	5.1	5.7	0.45～0.5	0.70～0.75	1.4
烧结后密度/(g/cm³)	7.8	6.3	6.6	0.90～0.95	1.2～1.3	<1.4
抗弯强度/MPa	950	300～400	300	N/A	N/A	8
抗拉强度/MPa	500	120～200	180	50	40～47	N/A
肖氏硬度(HS)	73	73	77	74	75	N/A
冲击韧性/(kJ/m²)	N/A	N/A	N/A	21	15	N/A
熔点/℃	>700	>700	>700	180	180	N/A

6.1.2 设备简介

DMP 镭射烧结金属粉末成型法是 SLS 的一种，需要填充氮气（烧结干净，降低活性粉末静电）用镭射光有选择性地分层烧结固体金属粉末，使金属粉末熔化，经表面张力作用后粉末间会结合在一起，并使烧结成型的固化层层层叠加生成所需形状的零件，得到近乎致密的金属零件，它的密度接近了传统方式的 99.9%。适用材料有模具钢、不锈钢、铝合金、钴铬合金、钛合金。

DMP 直接金属打印优势：复杂结构件简单制造，模具制造成本降低，使工件轻量化，制造异形水路，提高模具的效率；参数开放，可以买第三方材料。ProX 300 设备外形如图 6-3所示。

图 6-3 ProX 300 设备外形

（1）ProX 300 金属打印的组成

ProX 300 利用激光束熔化金属粉末，根据三维 CAD 数据逐层构建完全致密的纯金属零件制作。ProX 300 金属打印的组成结构如图 6-4 所示。

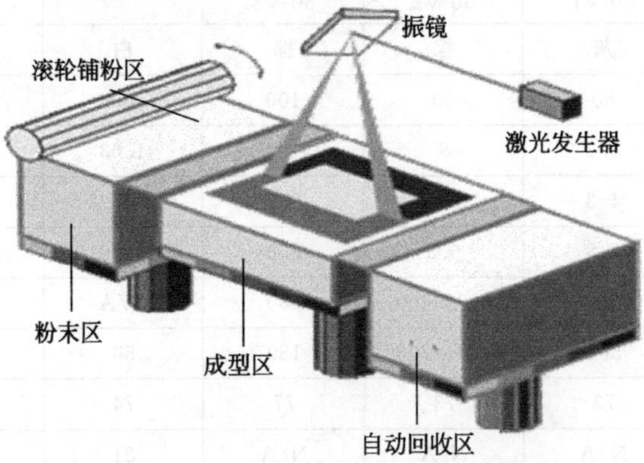

图 6-4　ProX 300 金属打印的组成结构

（2）ProX 300 金属成型特点

ProX 300 具有高性能、可替代传统工艺的高质量、浪费少、生产速度快、建模时间短、零件精密、可以生产有多个复杂组件的单独零件等特点。

① 最高的精度，最好的分辨率。ProX 300 金属打印机支持最小颗粒直径为 5μm，能够打印出更高精度、表面粗糙度和功能细节分辨率的零件，如图 6-5 所示。

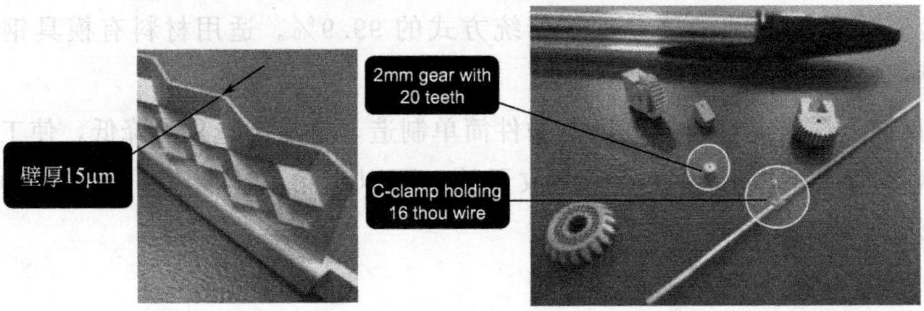

图 6-5　高精度零件

② 速度快，效率高，性能好。ProX 300 金属打印机高精度激光熔融经过专利认证，具有更高生产率、可重复性和灵活性，有高效的材料和能源管理功能。

③ 材料多样。PorX 系列支持的材料有多种选择，有 15 种以上材料通过测试。包括钢铁、铬、铬镍铁合金、铝钛合金、Al_2O_3 陶瓷等。

（3）ProX 300 金属成型的配置参数

ProX 300 金属成型的配置参数见表 6-3。

表 6-3　ProX 300 金属成型的配置参数

激光功率/类型	500W/光纤激光器
激光波长	1070nm
层厚度范围	可调，最小 10μm，最大 50μm
建模封装性能	250mm×250mm×300mm

续表

可用金属材料	不锈钢、工具钢、有色合金、超级合金等
可用陶瓷材料	金属陶瓷(Al_2O_3、TiO_2)等
可重复性	$x=20\mu m, y=20\mu m, z=20\mu m$
最小细节分辨率	$x=100\mu m, y=100\mu m, z=20\mu m$
尺寸,未包装	95cm×87cm×95cm(240cm×220cm×240cm)
重量,未包装	11000g(大约 5000kg)
电源电压	400V/8V·A/三相
气压范围要求	6～8bar
软件工具	加工制造
控制软件	PX Control
操作系统	Windows XP
数据文件格式	STL、IGES、STEP
网络类型和协议	以太网 10/100,RJ-45 插头
循环系统	自动
装载系统	自动
认证	通过 CE 认证

6.1.3 机器操作界面简介

ProX 300 的操作面板比 Projet MJP 3600 的操作面板要复杂，同时操作面板上的一些功能应用是有用户权限要求的。因此在操作面板上，不同的用户级别会有不同的操作功能。在 ProX 300 机器启动后，PX 控件 V2 自动打开。在默认情况下，机器的操作面板是以操作员级别记录在机器的开头，如图 6-6 所示。

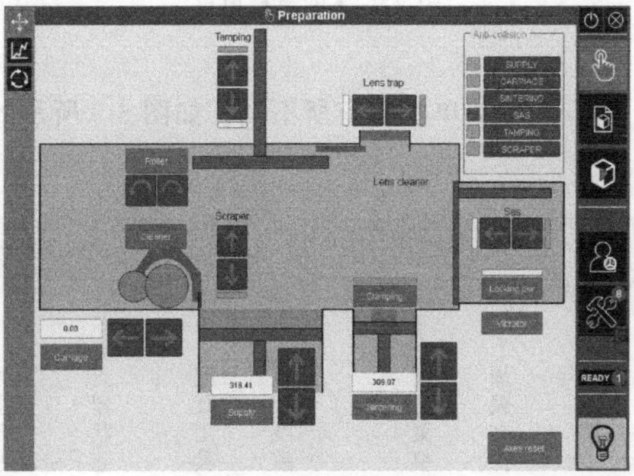

图 6-6 机器操作界面

(1) 用户级别的调整

如果想要将机器的操作员级别更改为调整器级别登录，可通过以下步骤完成。

① 单击主工具栏上的用户级别图标按钮，系统弹出【用户选择】工具条，如图 6-7 所示。

② 接着在【用户选择】工具条中单击调试员图标按钮，系统弹出【Password】文本框，单击空白处弹出【键盘】窗口，如图 6-8 所示。在键盘窗口输入 4123，接着单击SET按钮完成调试员级别转换。

提示： 1. 除了操作员级别以外，其余所有用户级别都受访问代码限制，即都需要输入密码才能进入。

2. 当 PX 控件 V2 应用程序关闭时，在下一个 PX 控件 V2 重启时将请求与当前用户级别对应的访问代码。

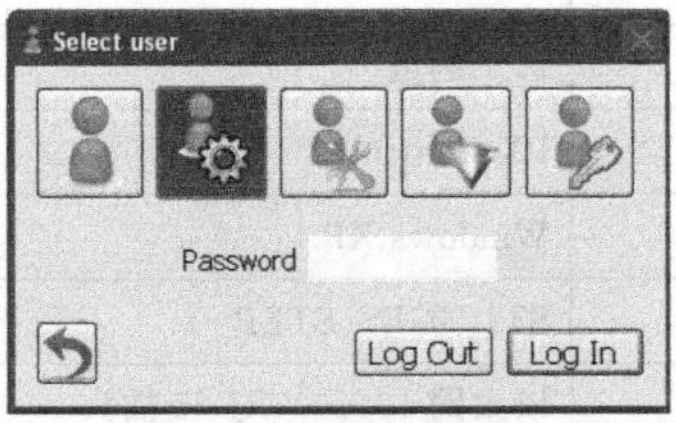

图 6-7　用户选择图标

图 6-8　【键盘】窗口

(2) 主菜单栏

不同的用户级别，对应的主菜单栏会有所不同。如图 6-9 所示的主菜单栏对应的级别是调试员级的工具栏。

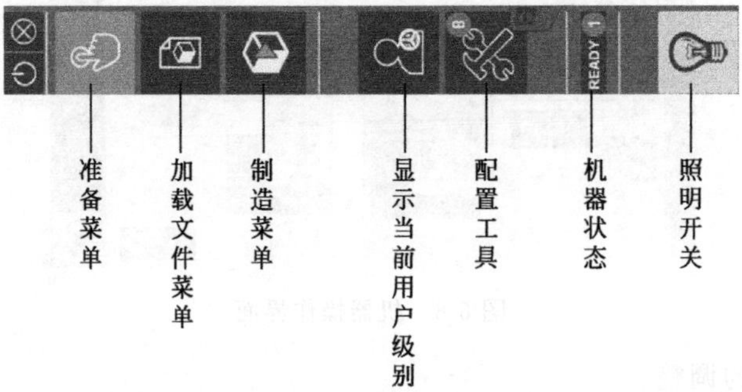

图 6-9　主菜单栏

(3) 准备菜单

准备菜单由运动、气体及循环周期 3 个子菜单组成，如图 6-10 所示。

图 6-10 准备菜单工具栏

① 运动子菜单。【运动】子菜单用于控制制造区域的所有模块，单击运动图标按钮后，操作界面显示运动参数设置界面，如图 6-11 所示。

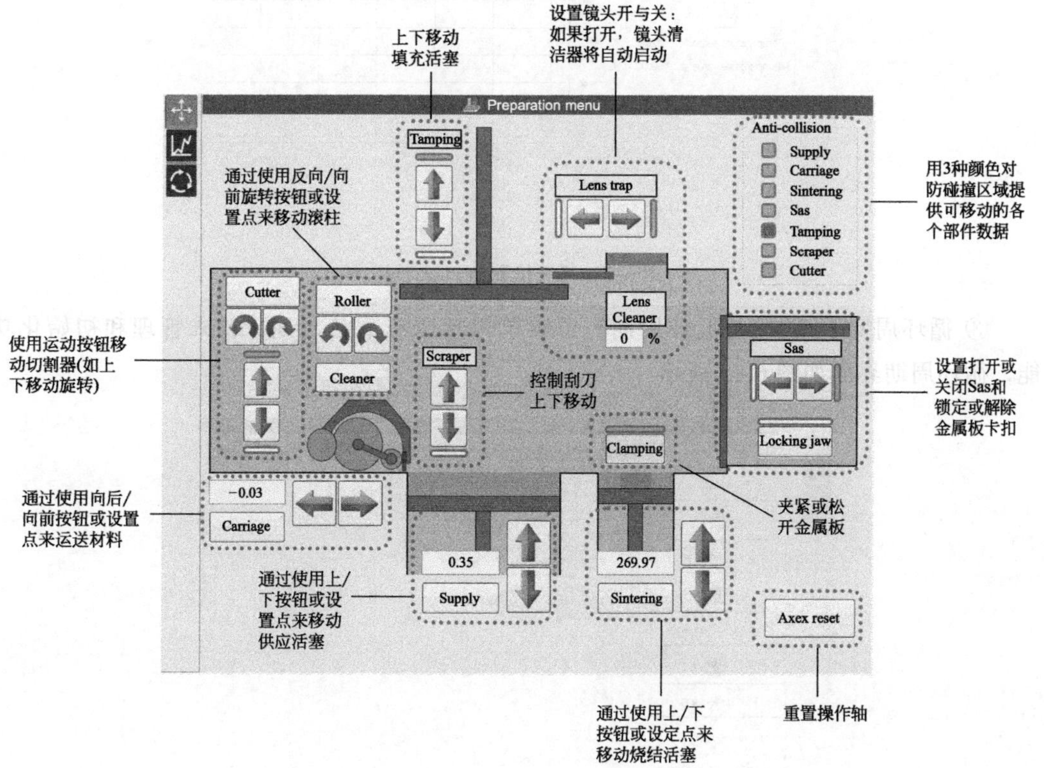

图 6-11 【运动】窗口选项栏

② 气体子菜单。【气体】子菜单用来设置氧气、温度和压力，在准备菜单中单击气体图标按钮，系统弹出【气体】选项界面，如图 6-12 所示。

a. 氧气区。氧气区中有 3 种燃气运行方式，即关闭、直接和调节方式。关闭方式表示没有气体注入机器；直接方式表示在机器中注入恒定的气体流量；调节方式表示在氧气设定点周围调节气体喷射。

在氧气区中可以查看气门状态、氧气点及氧气值。如果阀门打开时则为绿色；如果阀门关闭或气体传感器出现问题则为红色。

b. 温度区。温度区包括烤箱开关、温度设定点及温度值。烤箱开关用于启动和关闭烤箱；温度设定点通过单击文本框进行温度设定点设定；温度值表示室中的电流温度值在图上指示和跟踪。

c. 压力区。压力区中显示室中的电流压力值，电流压力值用 mbar 表示，绿色表示电流压力值为零或表示阀门打开。

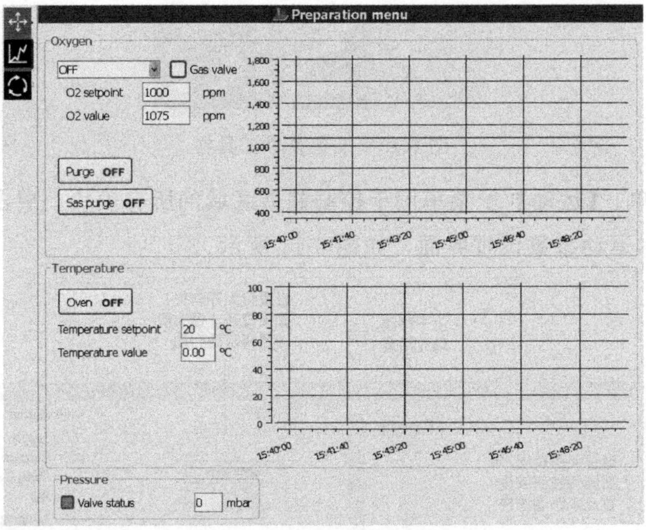

图 6-12 【气体】窗口选项栏

③ 循环周期子菜单。【循环周期】子菜单包括所有准备周期、粉末管理和初始化功能，循环周期界面如图 6-13 所示。

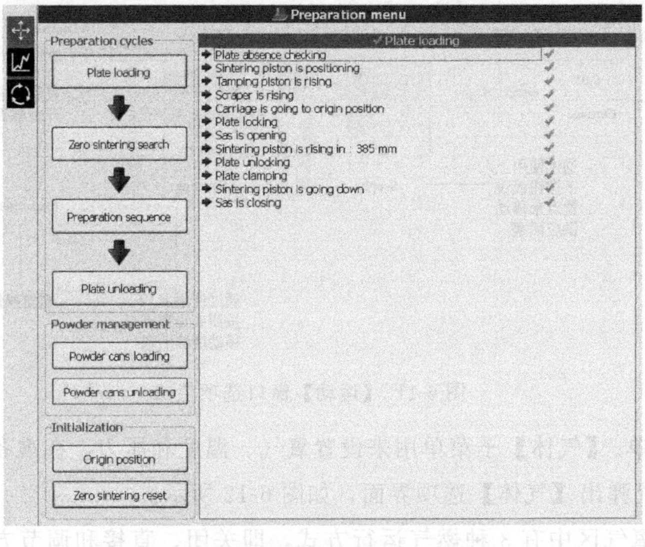

图 6-13 【循环周期】窗口选项栏

（4）加载文件菜单

加载文件菜单由文件浏览、设置、层创建及层查看 4 个子菜单组成，如图 6-14 所示。在加载文件菜单选项中单击文件浏览图标按钮，系统弹出【文件浏览】窗口，如图 6-15所示。

图 6-14 加载文件菜单

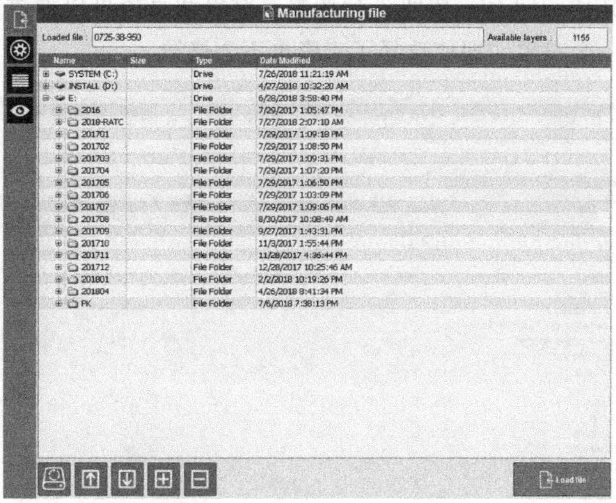

图 6-15 【文件浏览】窗口

① 文件浏览子菜单。【文件浏览】子菜单允许选择并加载机器上的 FAB 文件，同时在文件浏览中利用上移和下移按钮调整打印的先后顺序，也可以利用加号按钮打开文档或减号按钮关闭文档。

② 设置子菜单。【设置】子菜单显示了 FAB3 文件的分层和烧结，如图 6-16 所示。分层设置可以通过单击修改图标按钮进行分层设置，同时修改对象将以蓝色突出显示，修改后的值可通过单击应用更改 Apply changes 图标按钮完成修改，同时也可以通过撤销图标按钮放弃参数修改。当修改完成后，修改对象将以红色高亮显示，如图 6-17 所示。

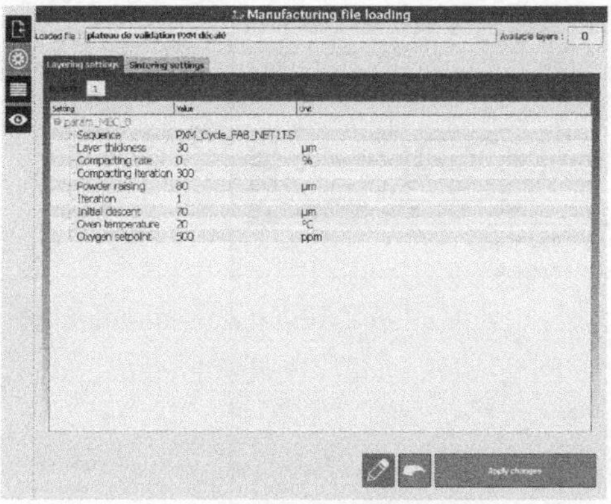

图 6-16 分层参数设置窗口

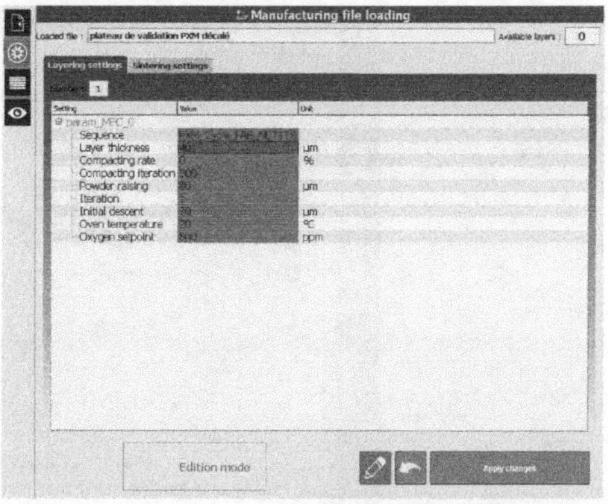

图 6-17 红色高亮显示修改结果

烧结设置选项提供了所有的烧结参数，最后将设置好的参数上传到机器，在制造过程中将以设置好的参数进行。烧结设置窗口如图 6-18 所示。

③ 层创建子菜单。【层创建】子菜单显示 FAB 文件的对象和克隆选项，【层创建】子菜单允许建造烧结层。【层创建】子菜单窗口如图 6-19 所示。对象选项卡显示当前制造文件的所有对象及其克隆选项（如果存在）。文件对象以蓝色显示，如果显示有绿色，则表示有克隆对象，克隆对象通过指示它们的坐标，然后将克隆对象分别放在它们对应的对象之下。对于每个对象，都有指示高度的最小值与最大值、体积和烧结时间。物体烧结的顺

序可以通过向下按钮和向上按钮进行调整。对象和克隆可以通过选择或通过取消，如果没有选择一个对象，即使选择了克隆也不会烧结。

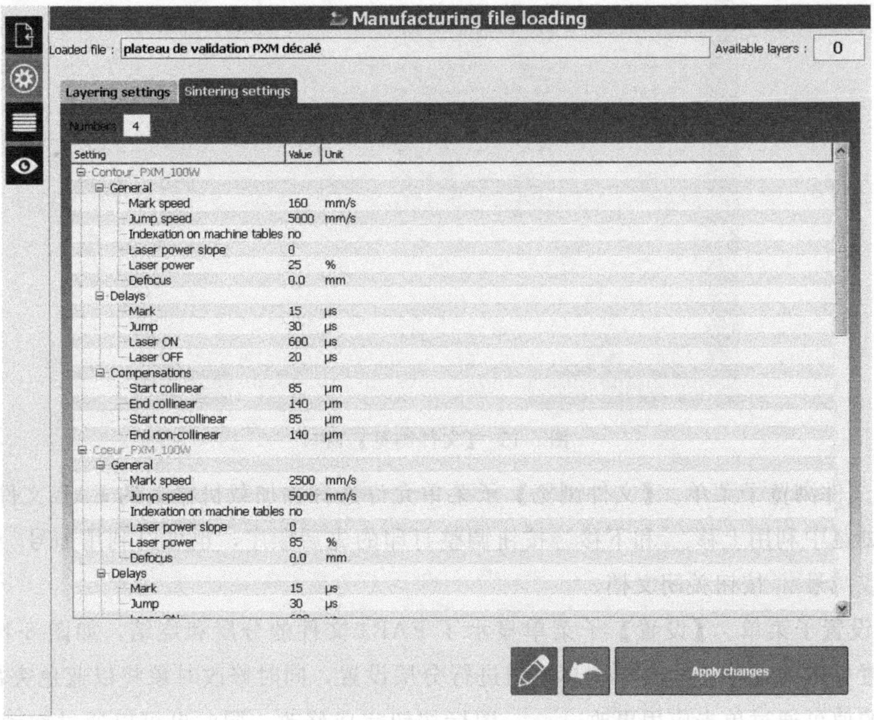

图 6-18 烧结设置窗口

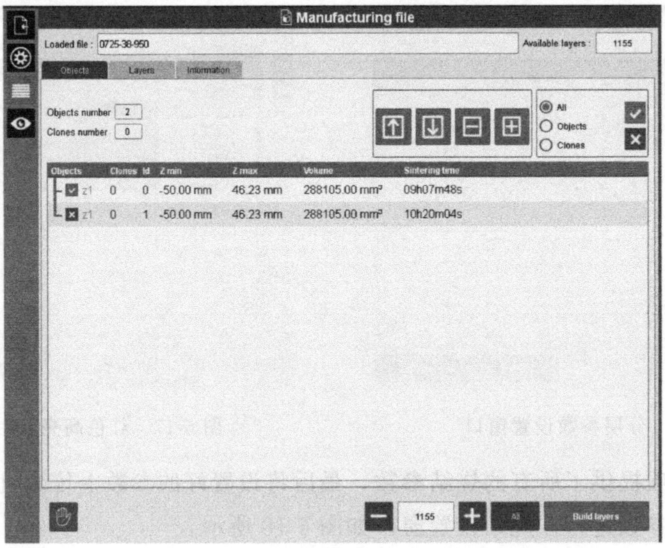

图 6-19 【层创建】子菜单窗口

④ 层查看子菜单。【层查看】子菜单允许查看不同层的轨迹。首先在选择列表中选择FAB文件中的坐标（由CAD软件生成）或生成的坐标（由层创建后由机器生成）；然后单击显示Display图标按钮刷新图层查看器，结果如图 6-20 所示。

播放按钮在自动查看层时才起作用，如果不想使用自动查看，则可以再次单击播放按钮取消自动查看。

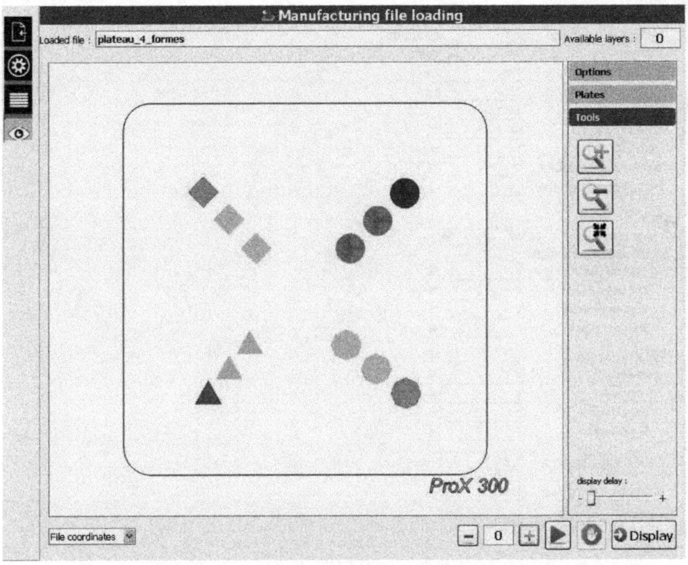

图 6-20 【层查看】窗口

(5) 制造菜单

制造菜单与操作员用户级别相比，调试用户级别可在制造菜单中添加两个区域：通过单击按钮可访问序列区域和设置区域。序列区域由启动、镜片清洁器、循环、恢复及结束 5 个选项卡组成，而设置区域只是显示当前制造过程中的分层设置参数。【制造菜单】窗口如图 6-21 所示。

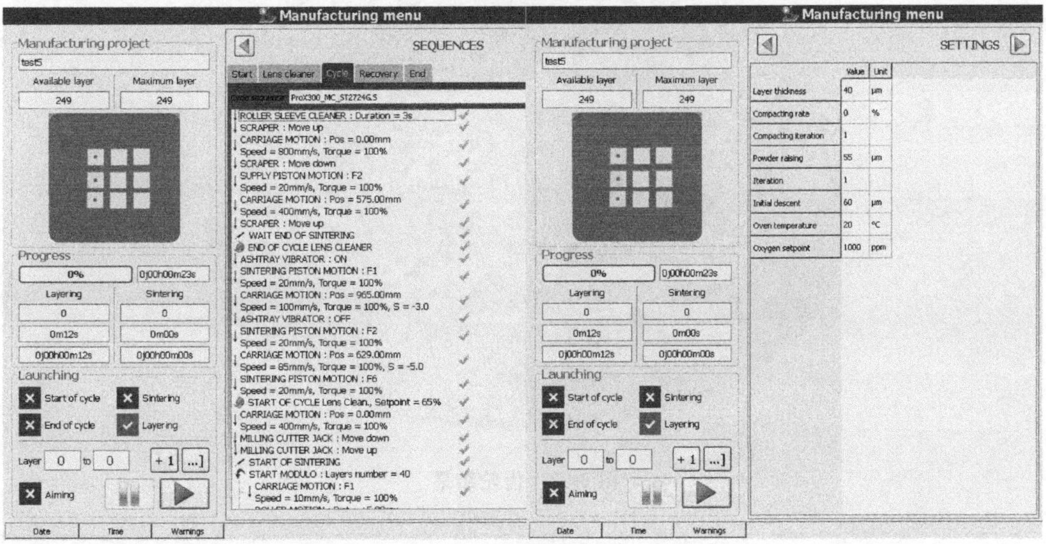

图 6-21 【制造菜单】窗口

(6) 配置工具

配置工具对扫描仪和激光设置进行分组，【配置工具】窗口如图 6-22 所示。

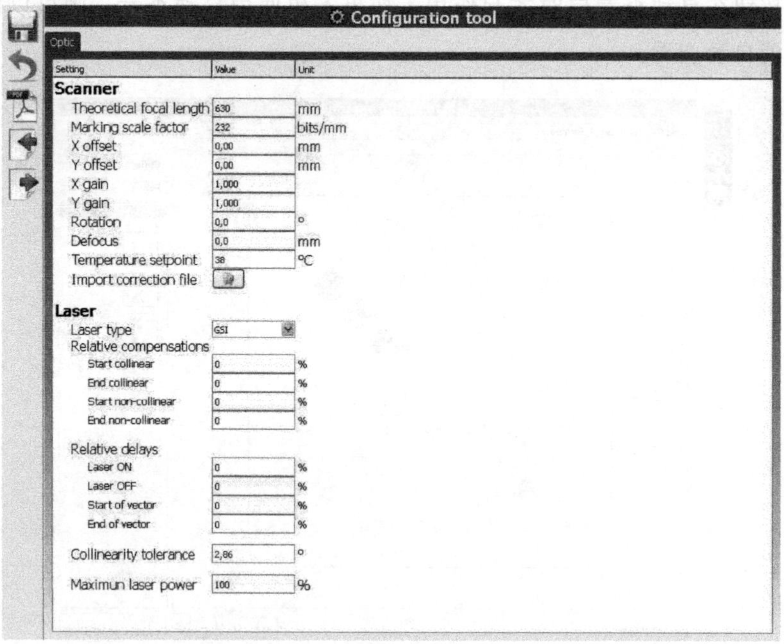

图 6-22 【配置工具】窗口

6.2 齿轮建模与 3D 打印

本节中需要完成的齿轮建模如图 6-23 所示。

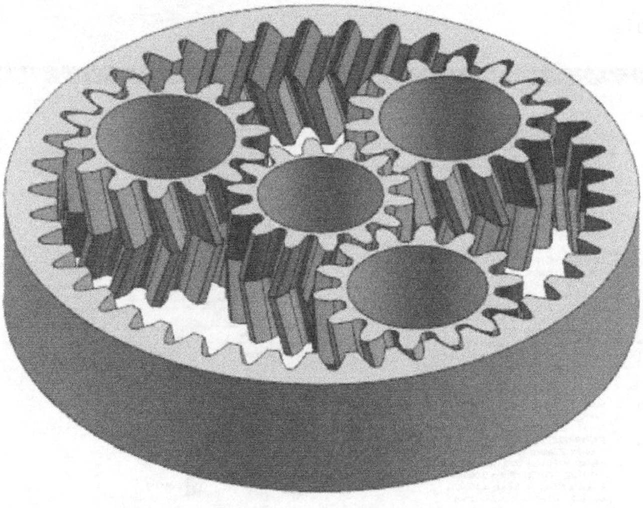

图 6-23 齿轮结果

6.2.1 齿轮建模

(1) 内啮合齿轮创建

步骤 1：进入 NX8.5 软件环境。在主菜单栏中选择【文件】|【新建】命令或在

【标准】工具条中单击按钮，系统弹出【新建】对话框，在【文件名】文本框中输入nnh，其余参数按系统默认，单击确定按钮进入软件建模环境。

步骤2：在主菜单栏中选择【GC工具箱】|【齿轮建模】|【圆柱齿轮】命令或在【齿轮建模】工具条中单击按钮，系统弹出【渐开线圆柱齿轮建模】对话框，如图6-24所示。接着单击确定按钮进入【渐开线圆柱齿轮类型】对话框，如图6-25所示。然后依序点选斜齿轮、内啮合齿轮选项，然后单击确定按钮进入【渐开线圆柱齿轮参数】对话框，如图6-26所示。

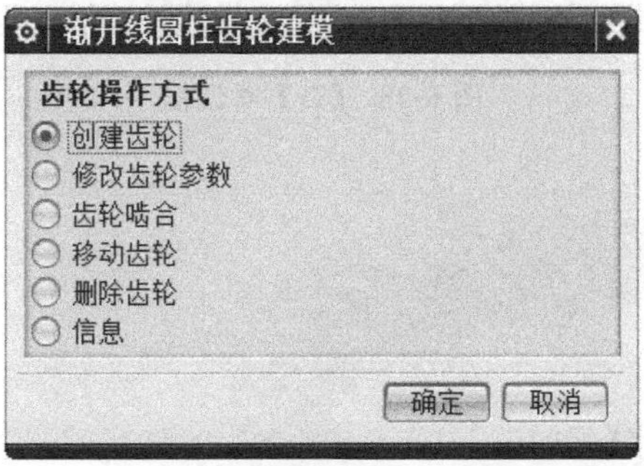

图6-24　【渐开线圆柱齿轮建模】对话框

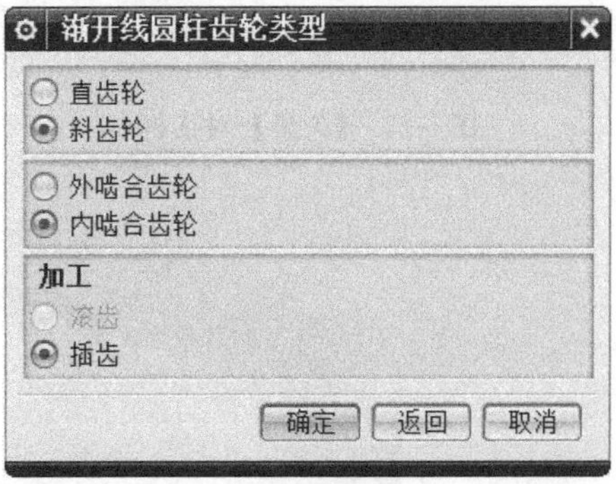

图6-25　【渐开线圆柱齿轮类型】对话框

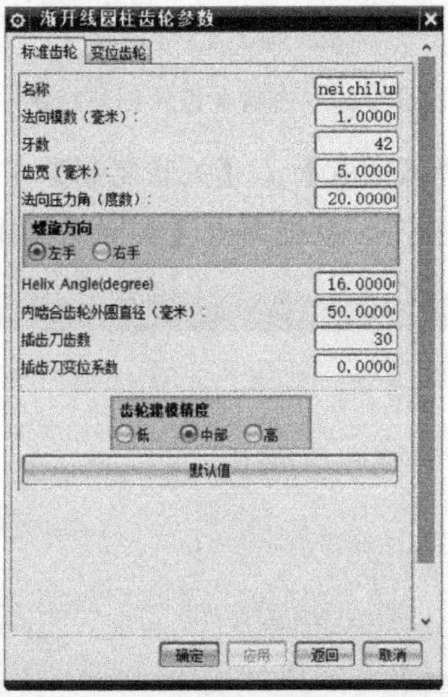

图6-26　【渐开线圆柱齿轮参数】对话框

在【名称】文本框中输入neichilun，【法向模数（毫米）】文本框中输入1，【牙数】文本框中输入42，【齿宽（毫米）】文本框中输入5，【法向压力角（度数）】文本框中输入20，【Helix Angle（degree）】文本框中输入16，【内啮合齿轮外圆直径（毫米）】文本框中输入50，【插齿刀齿数】文本框中输入30，其余参数按系统默认，单击确定按钮后系统弹出【矢量】对话框，如图6-27所示。接着在作图区选择 Z 轴作为矢量对象，单击确定按钮后系统弹出【点】对话框（图6-28），在此不做任何更改。单击确定按钮完成内啮合齿轮的创建，结果如图6-29所示。

图 6-27 【矢量】对话框

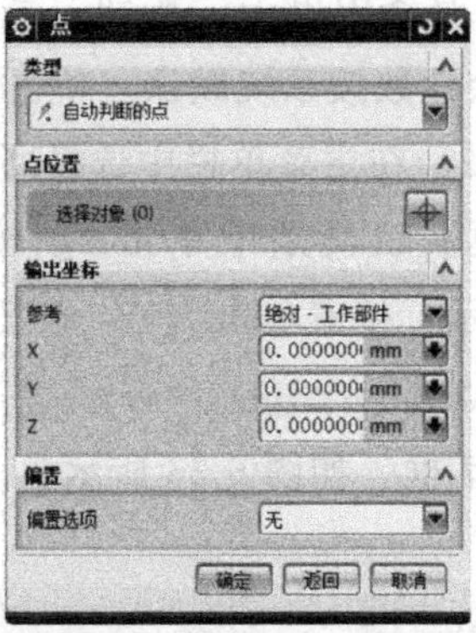

图 6-28 【点】对话框

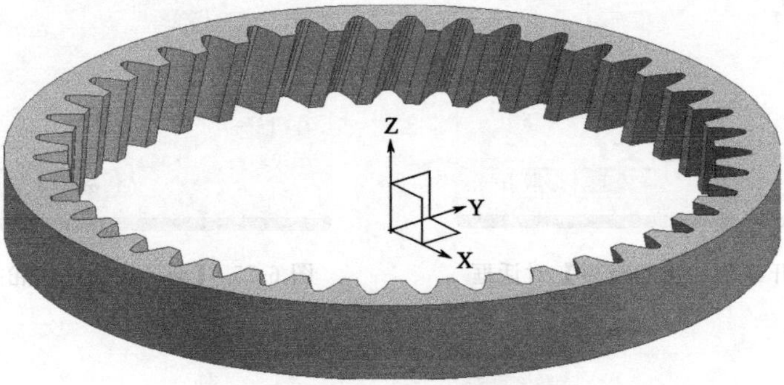

图 6-29 内啮合齿轮创建结果

步骤 3：在主菜单栏中选择【插入】｜【关联复制】｜【生成实例几何特征】命令或在【关联复制】工具条单击按钮，系统弹出【实例几何体】对话框如图 6-30 所示。

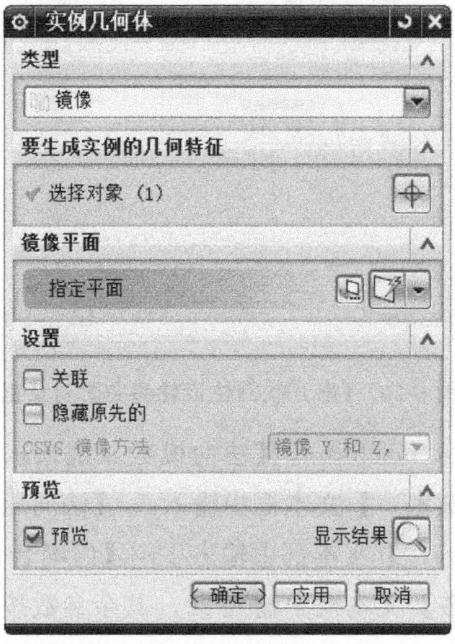

图 6-30 【实例几何体】对话框

在【类型】下拉选项中选择镜像选项，在作图区选择创建好的齿轮作为镜像对象，单击鼠标中键，然后在作图区选择 *XY* 平面为镜像平面，其余参数按系统默认，单击确定按钮完成镜像操作，结果如图 6-31 所示。

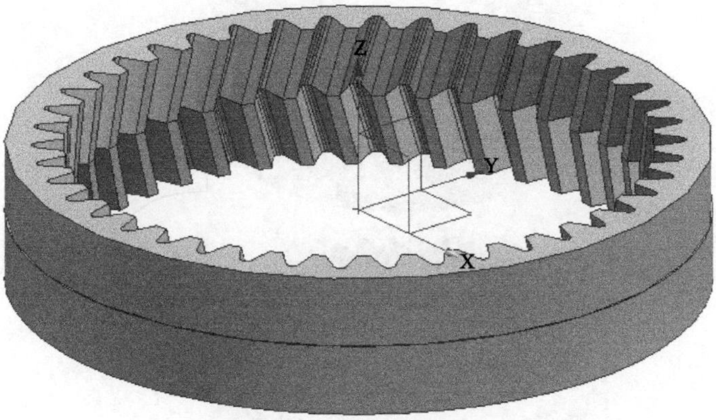

图 6-31 镜像特征创建结果

步骤 4：在主菜单栏中选择【插入】|【组合】|【求和】命令或在【组合】工具条单击按钮，系统弹出【求和】对话框，如图 6-32 所示。接着在作图区选择其中一个齿轮为目标体，选择另一个齿轮为工具体，其余参数按系统默认，单击确定按钮完成求和操作，结果如图 6-33 所示。

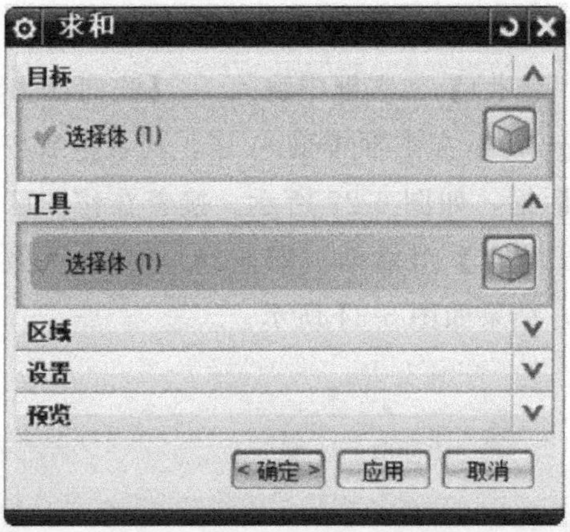

图 6-32 【求和】对话框

步骤 5：在主菜单栏中选择【文件】|【保存】命令或在【标准】工具条中单击按钮，系统完成图档的保存。

(2) 外啮合齿轮创建

步骤 1：在主菜单栏中选择【文件】|【新建】命令或在【标准】工具条中单击按钮，系统弹出【新建】对话框；在【文件名】文本框中输入 wnh，其余参数按系统默认，单击确定按钮进入软件建模环境。

步骤 2：在主菜单栏中选择【GC 工具箱】|【齿轮建模】|【圆柱齿轮】命令或在【齿轮建模】工具条中单击按钮，系统弹出【渐开线圆柱齿轮建模】对话框，如图 6-24所示。接着单击确定按钮进入【渐开线圆柱齿轮类型】对话框，如图 6-25 所示。

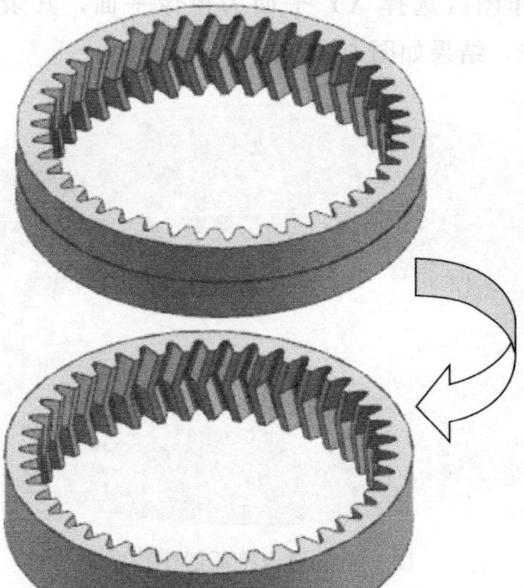

图 6-33 求和结果

然后依序点选斜齿轮、外啮合齿轮选项，然后单击确定按钮进入【渐开线圆柱齿轮参数】对话框，如图 6-26 所示。

在【名称】文本框中输入 WaiChiLu，【法向模数（毫米）】文本框中输入 1，【牙数】对话框中输入 14，【齿宽（毫米）】文本框中输入 5，【法向压力角（度数）】文本框中输入 20，【Helix Angle（degree）】文本框中输入 16，其余参数按系统默认，单击确定按钮后系统弹出【矢量】对话框，如图 6-27 所示。接着在作图区选择 Z 轴作为矢量对象，单击确定按钮后系统弹出【点】对话框（图 6-28），在此不做任何更改。单击确定按钮完成外啮合齿轮的创建，结果如图 6-34 所示。

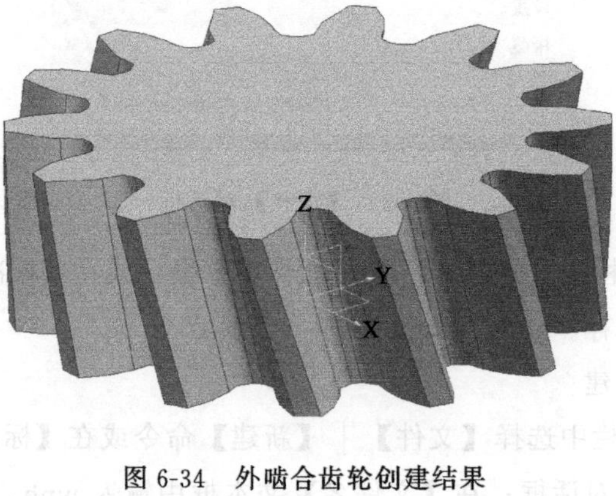

图 6-34 外啮合齿轮创建结果

步骤 3：在主菜单栏中选择【插入】|【细节特征】|【孔】命令或在【细节特征】工具条中单击按钮，系统弹出【孔】对话框，如图 6-35 所示。单击刚创建好的齿轮中心作为对象，在【直径】文本框中输入 11，【深度限制】下拉菜单中选择【贯穿体】，其余参数按系统默认，单击确定按钮完成孔特征创建，结果如图 6-36 所示。

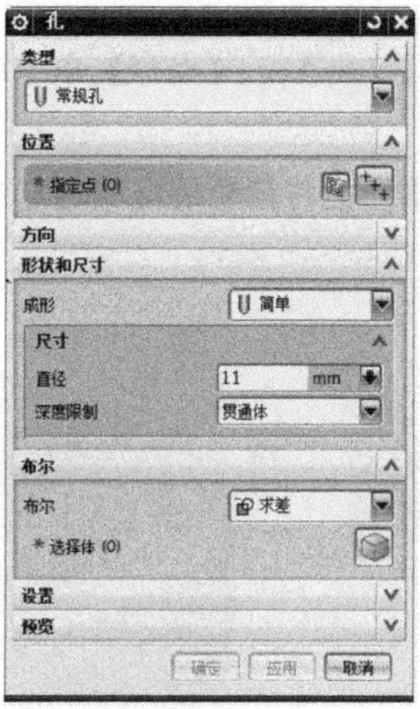

图 6-35 【孔】对话框

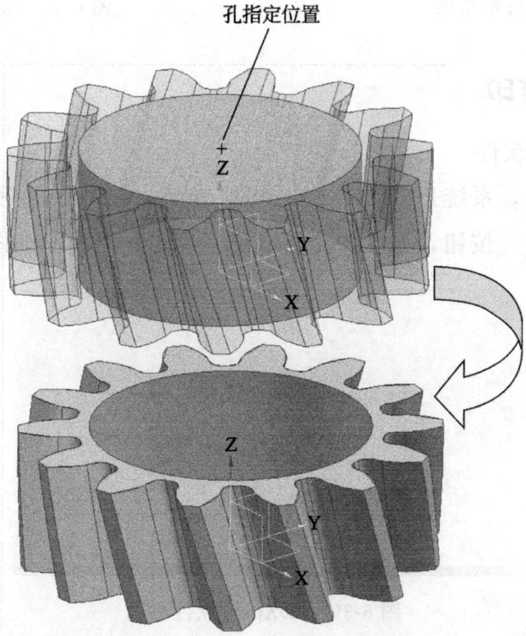

图 6-36 孔特征创建结果

步骤 4：在主菜单栏中选择【插入】｜【关联复制】｜【生成实例几何特征】命令或在【关联复制】工具条中单击按钮，系统弹出【实例几何体】对话框如图 6-30 所示。

在【类型】下拉选项中选择选项，在作图区选择创建好的齿轮作为镜像对象，单击鼠标中键，然后在作图区选择 *XY* 平面为镜像平面，其余参数按系统默认，单击按钮完成镜像操作，结果如图 6-37 所示。

步骤 5：在主菜单栏中选择【插入】｜【组合】｜【求和】命令或在【组合】工具条单击按钮，系统弹出【求和】对话框，如图 6-32 所示。接着在作图区选择其中一个齿轮为目标体，选择另一个齿轮为工具体，其余参数按系统默认，单击按钮完成求和操作。

步骤 6：在主菜单栏中选择【文件】|【保存】命令或在【标准】工具条中单击按钮，系统完成图档的保存。

步骤 7：利用装配功能或编辑功能将齿轮装配啮合起来，此处不做详细叙述，装配结果如图 6-38 所示。

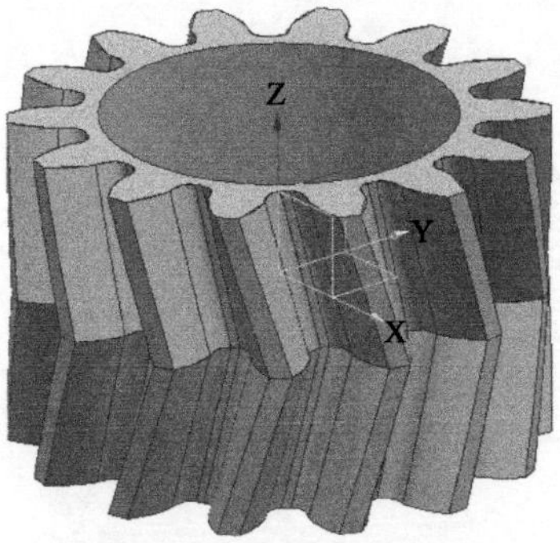

图 6-37　外啮合齿轮结果

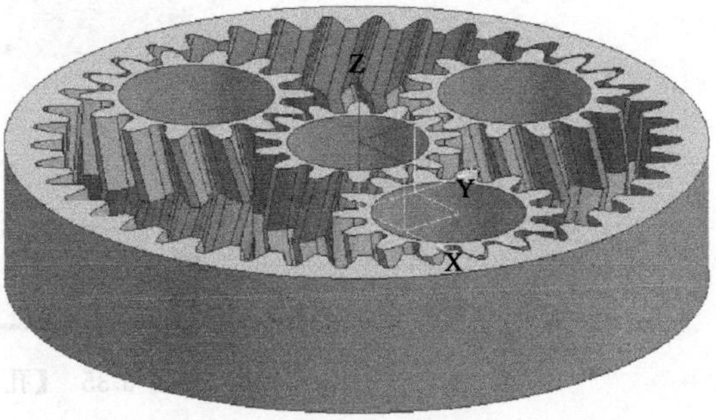

图 6-38　装配结果

6.2.2　齿轮金属打印

步骤 1：运行切片软件

在桌面双击图标，系统进入 3DXpert 软件界面，如图 6-39 所示。接着在标准工具条中单击 3D 打印项目按钮，系统弹出【3DP 项目 0】界面，如图 6-40 所示。

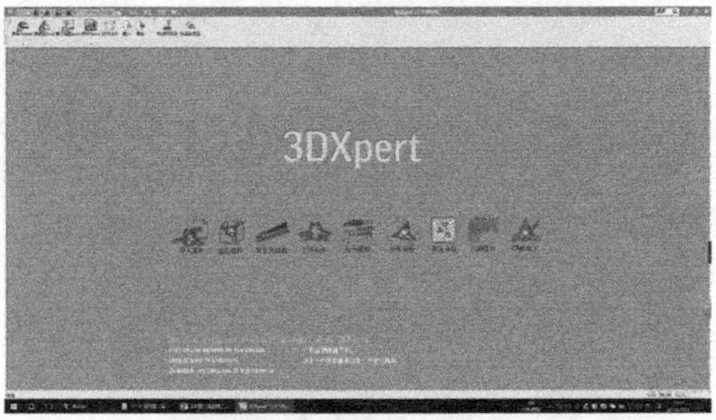

图 6-39　3DXpert 软件界面

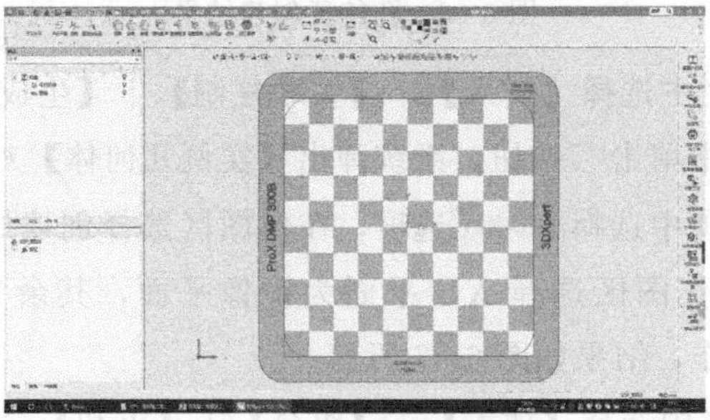

图 6-40　3DP 打印项目

步骤 2：添加文档

将图 6-38 所示的文档拖拉进 3DXpert 软件，系统弹出【增加选项】对话框（图 6-41），在此不做任何更改。单击确定按钮完成文档加载，结果如图 6-42 所示。

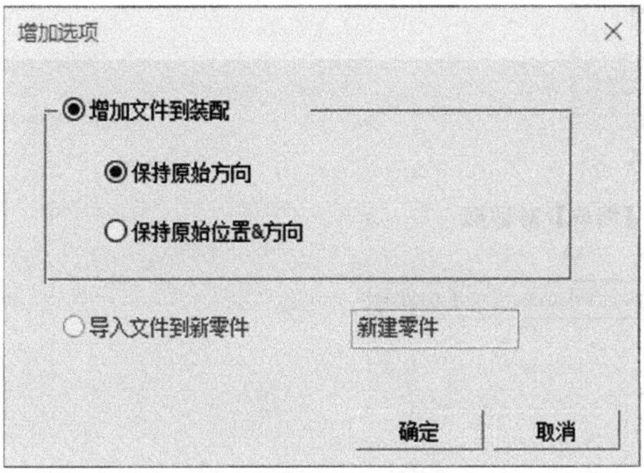

图 6-41 【增加选项】对话框

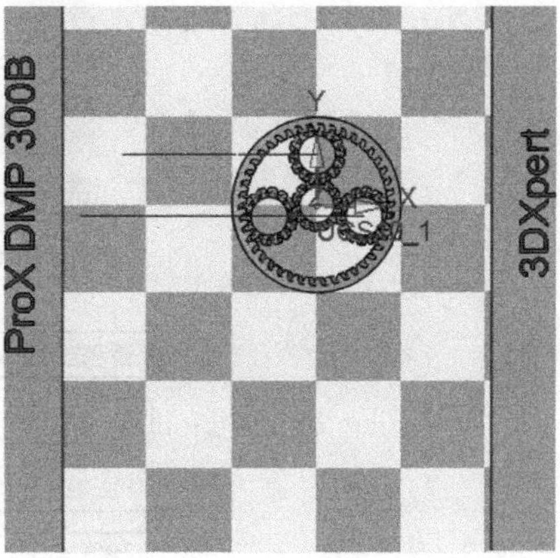

图 6-42 文档添加结果

步骤 3：物体位置设置

在【3D 打印项目】工具条中单击物体位置图标按钮，系统弹出【特征向导】对话框，如图 6-43 所示。接着在【高于基板＝】文本框中输入 1，其余参数按系统默认，单击确定按钮，完成物体位置设置（此操作的目的是在线切割时保留一定的距离，不伤及工件和打印平台）。

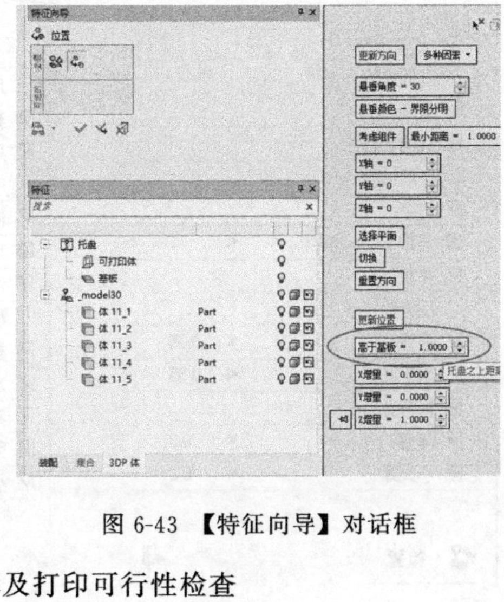

图 6-43 【特征向导】对话框

步骤 4：设置收缩率及打印可行性检查

在【3D 打印项目】工具条中单击收缩率图标按钮，系统弹出【缩放】对话框，如图 6-44 所示。接着按图 6-45 所示的参数进行设置，其余参数按系统默认。然后在作图区选择齿轮并单击确定按钮，完成收缩率设置。

在【3D 打印项目】工具条中单击 3D 打印分析工具图标按钮，系统弹出扩展工具栏，如图 6-46 所示。然后单击打印前准备选项，系统弹出【打印可行性检查】对话框（图 6-47），同时勾选所有检查项，单击检查按钮系统开始检查，结果如图 6-48 所示。在【打

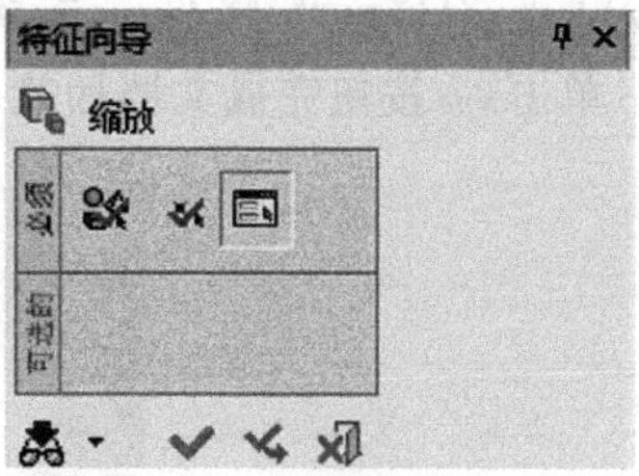

图 6-44 【缩放】对话框

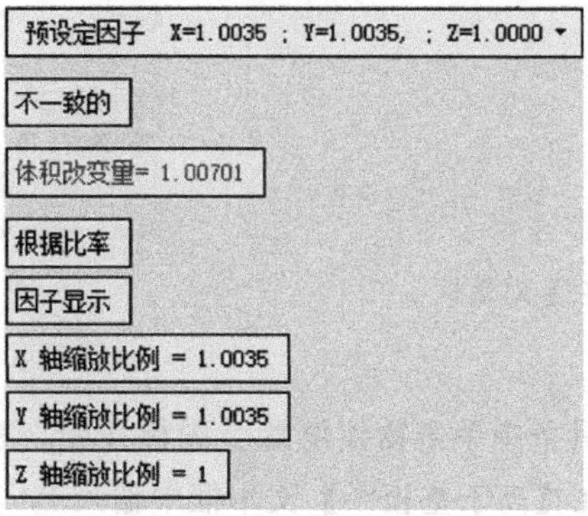

图 6-45 参数设置

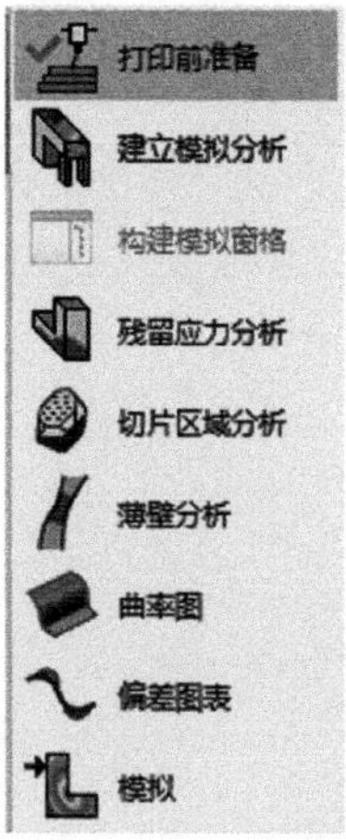

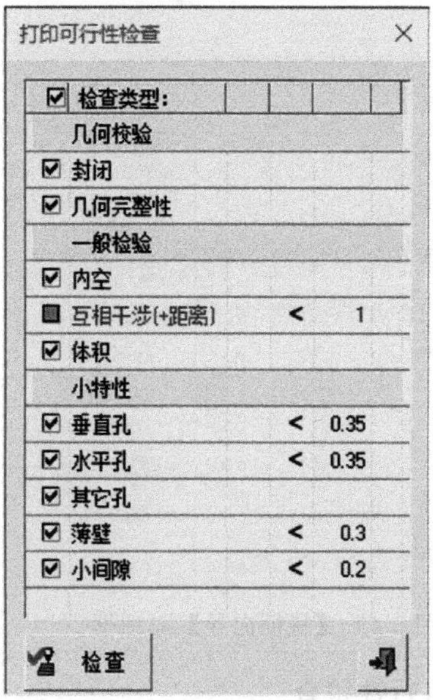

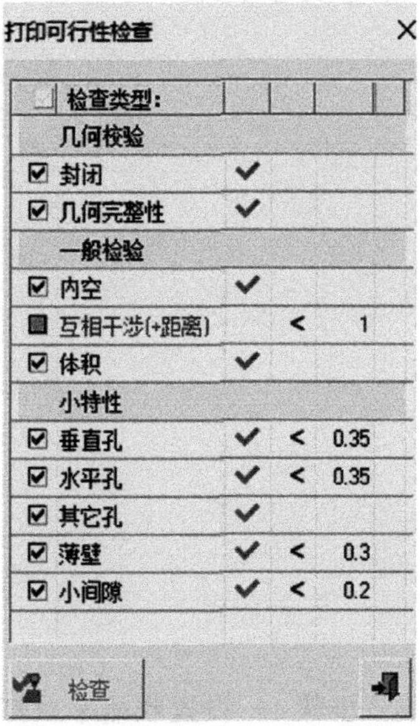

图 6-46 3D 打印分析工具　　图 6-47 【打印可行性检查】对话框　　图 6-48 打印可行性检查结果

印可行性检查】对话框中单击关闭图标按钮，完成打印可行性检查操作。

步骤 5：支撑管理

在【3D 打印项目】工具条中单击支撑图标按钮，系统弹出【支撑管理】对话框，如图 6-49 所示。接着在【支撑管理】对话框中单击按钮，系统弹出【创建区域】对话框，如图 6-50 所示；然后在作图区选择齿轮组对象，最后在【创建区域】对话框中将

☑曲线&点和☑面积选项勾选去除，单击确定按钮完成创建区域操作，同时系统返回【支撑管理】对话框，结果如图 6-51 所示。

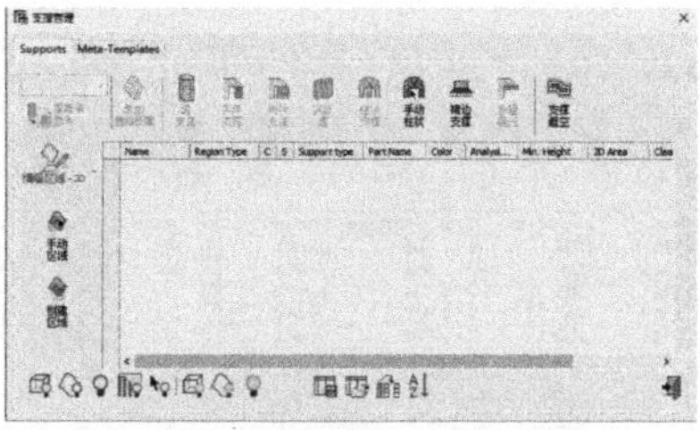

图 6-49 【支撑管理】对话框

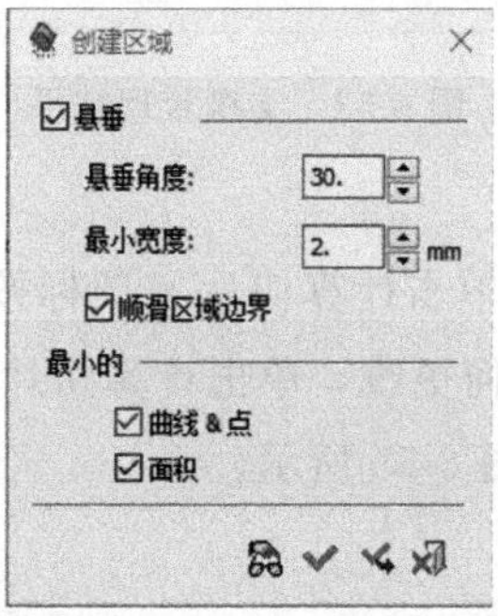

图 6-50 【创建区域】对话框

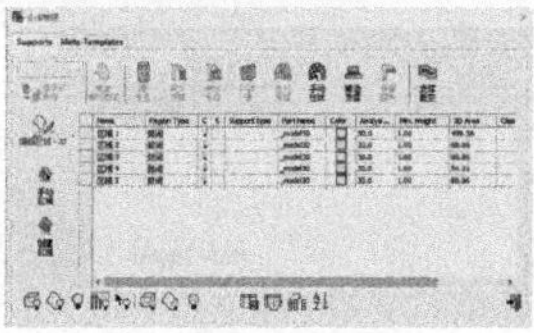

图 6-51 区域创建结果

在【支撑管理】对话框中单击【区域 1】支撑类型框，接着单击实体支撑图标按钮，系统弹出【实体支撑】对话框，如图 6-52 所示。在此不做任何更改，单击确定按钮完成实体支撑加载。在【支撑管理】对话框中单击【区域 2】支撑类型框并在键盘上按

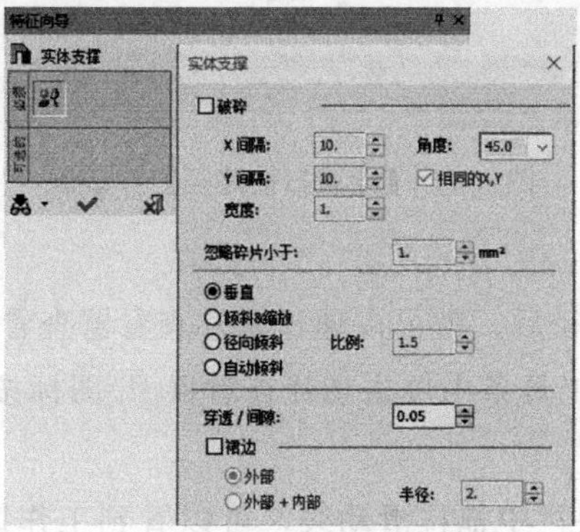

图 6-52 【实体支撑】对话框

住 Ctrl 键一直选择到【区域 5】，然后在【支撑管理】对话框左上角单击模版依参考按钮，完成支撑的创建，结果如图 6-53 所示。单击关闭按钮，完成支撑管理操作。

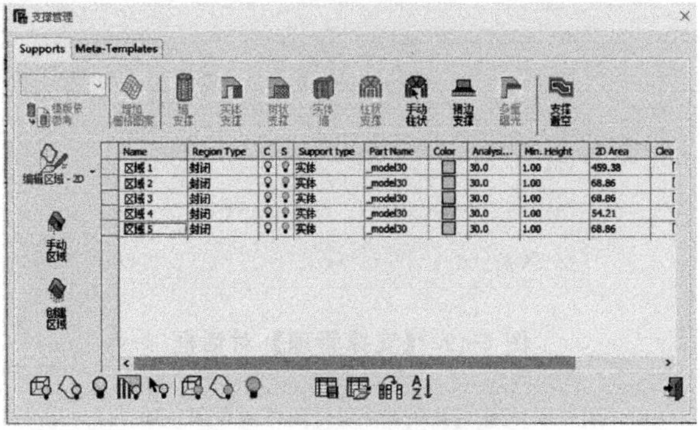

图 6-53　支撑管理结果

步骤 6：零件切片操作

在【3D 打印项目】工具条中单击计算切片图标按钮，系统弹出【对象切片】对话框，如图 6-54 所示。在此不做任何更改，单击计算切片和扫描路径图标按钮，系统弹出【计算扫描路径】对话框，如图 6-55 所示。

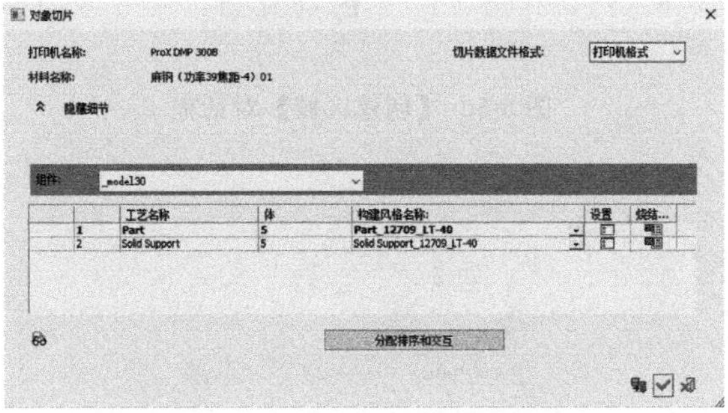

图 6-54　【对象切片】对话框

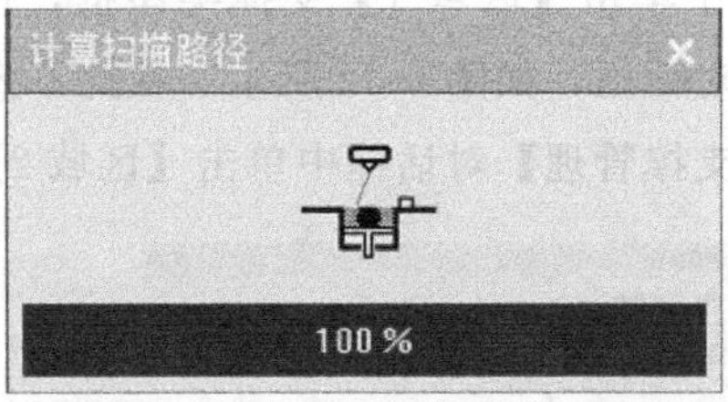

图 6-55　【计算扫描路径】对话框

步骤 7：切片查看

完成切片计算和扫描路径后，就可以通过切片查看器查看切片效果，具体操作如下。

① 在【3D 打印项目】工具条中单击切片查看器图标按钮，系统弹出【级别控制】对象栏，如图 6-56 所示。

② 在【级别控制】对象栏中拖拉滑动线，可以看到工作区中的切片对象，如图 6-57 所示。

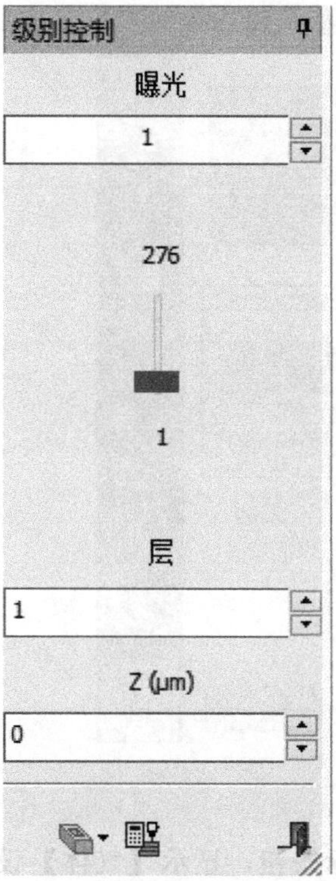

图 6-56 【级别控制】对象栏

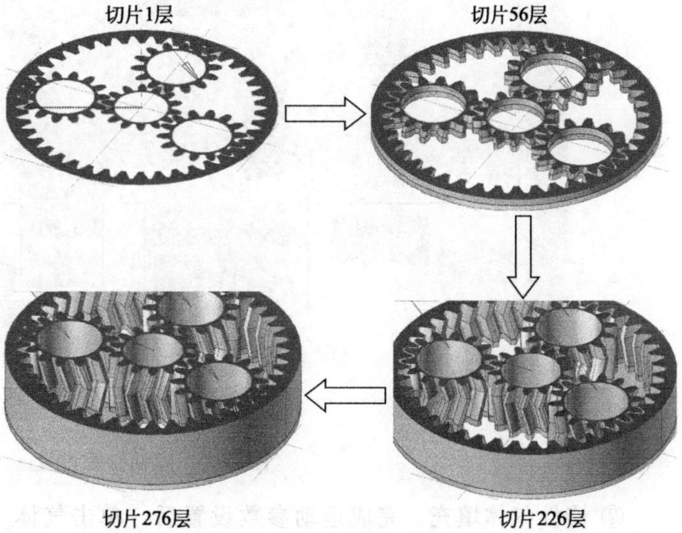

图 6-57 查看切片流程图

步骤 8：打印文件输出

在【3D 打印项目】工具条中单击 3D 打印分析工具图标按钮，系统弹出扩展工具栏，如图 6-58 所示。然后单击选项，系统弹出【输出至打印机】对话框，如图 6-59所示。在此不做任何更改，单击确定按钮完成打印文件的输出。

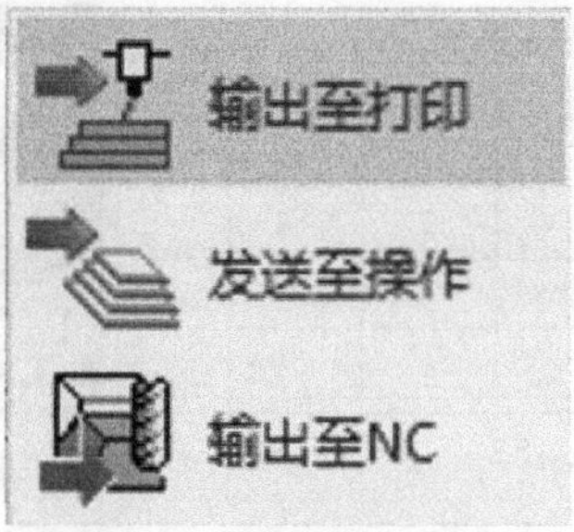

图 6-58 输出至打印选项

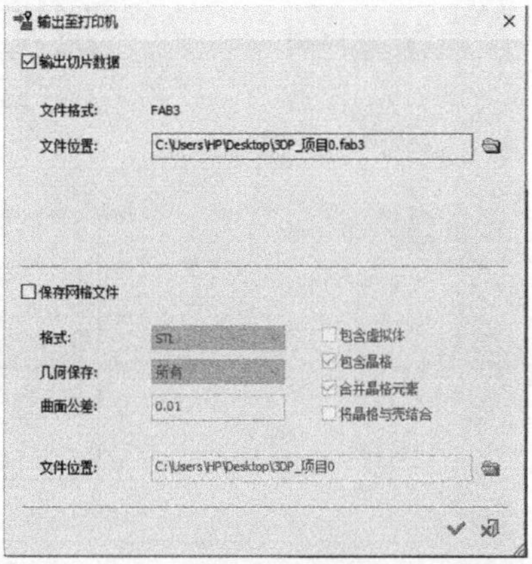

图 6-59 【输出至打印机】对话框

步骤 9：控制界面设置

① 运动参数设置。在 ProX 300 操作面板上单击准备菜单图标按钮，对各运动参数进行设置，如图 6-60 所示（一般情况下不需要设置太多参数，除非选用了新的打印材料或新的工艺）。

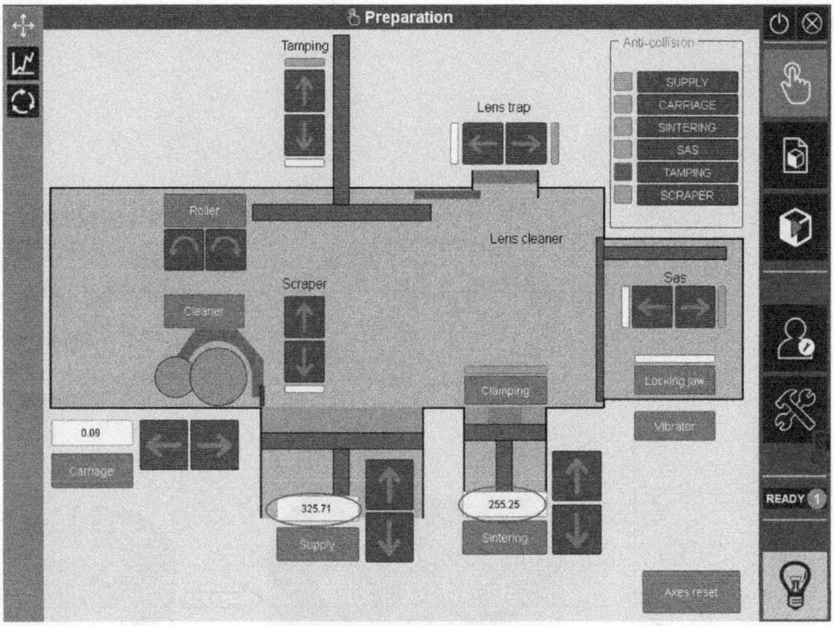

图 6-60 运动参数设置

② 惰性气体填充。完成运动参数设置后，单击气体图标按钮，显示【气体】设置界面，接着设置如图 6-61 所示的参数。

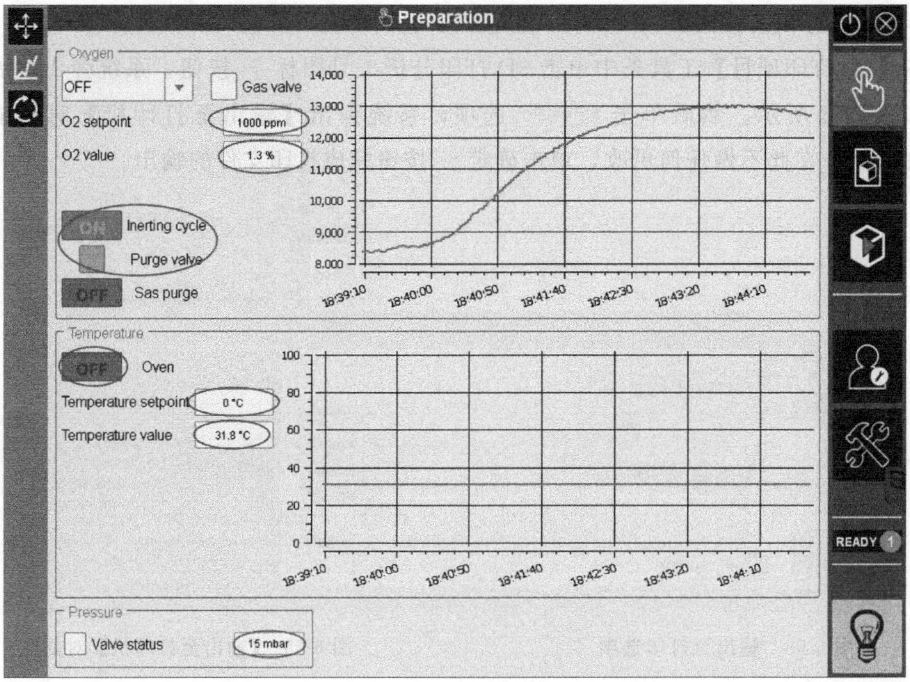

图 6-61 惰性气体填充设置

③ 工作平台加载和卸载，零位校正。由于工作平台可以拆卸，因此需要对加载后的打印平台进行零位校正。在打印之前先将打印机上的工作平台进行拆卸，放入新的打印工

作平台，然后单击循环周期图标按钮。

a. 单击启动工作平台装载按钮，系统会弹出预填充可用的数字板，如图 6-62所示。如果确定，则单击按钮完成。

b. 单击按钮，系统会弹出【是否启动零烧结检索循环】界面，如图 6-63 所示。接着在此单击确认按钮循环将启动；同时系统会弹出是否使用标准板，如图 6-64所示。在此单击确认按钮，活塞将在良好位置自动移动。

c. 利用相同的操作方式，从上到下依序选择相关按钮，完成各功能参数的设置，结果如图 6-65 所示。

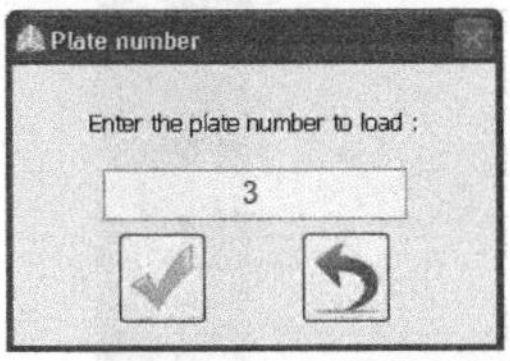

图 6-62 工作平台号码

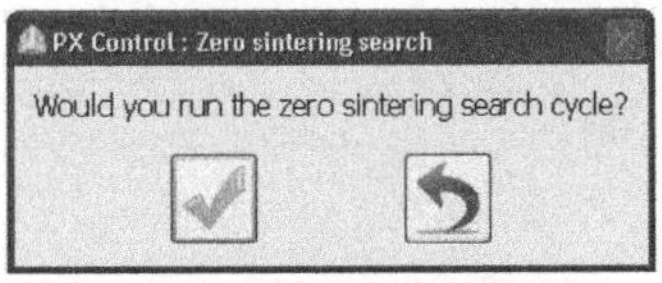

图 6-63 零烧结检索循环

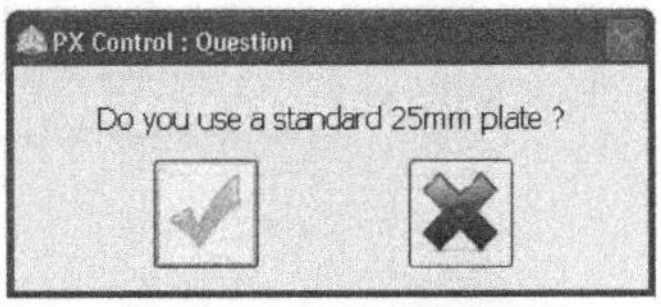

图 6-64 标准板确认界面

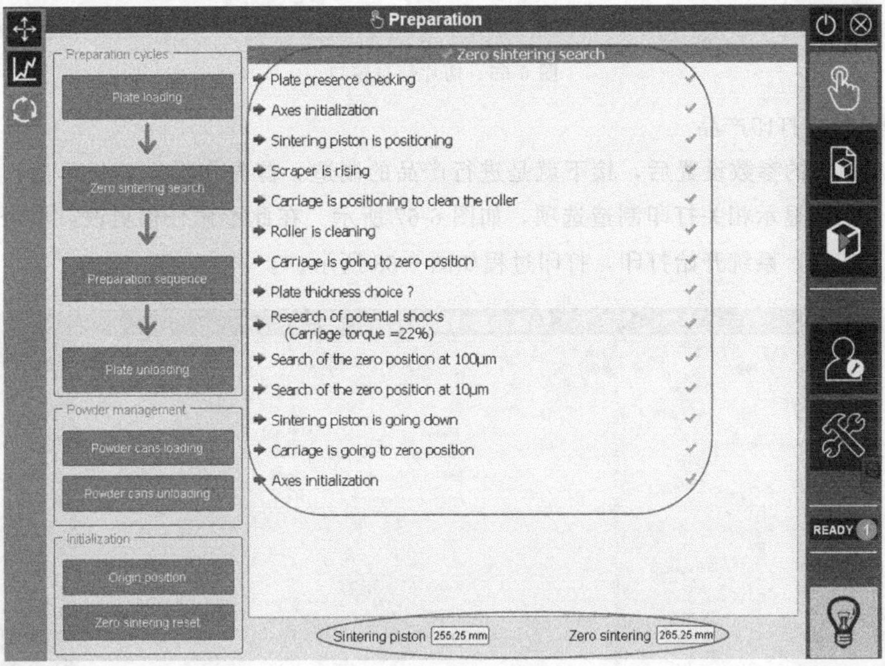

图 6-65 循环周期设置

步骤 10：档案导入与切片

① 档案导入。在设备操作面板上单击加载文件菜单图标按钮，然后在左上角单击导入文档图标按钮，并找到相对应的打印文档，然后在操作面板右下角单击按钮完成档案导入。

② 切片操作。在设备操作面板上单击切片图标按钮，系统显示切片信息，如图 6-66所示。在此参数按系统默认，单击按钮，系统完成切片操作。

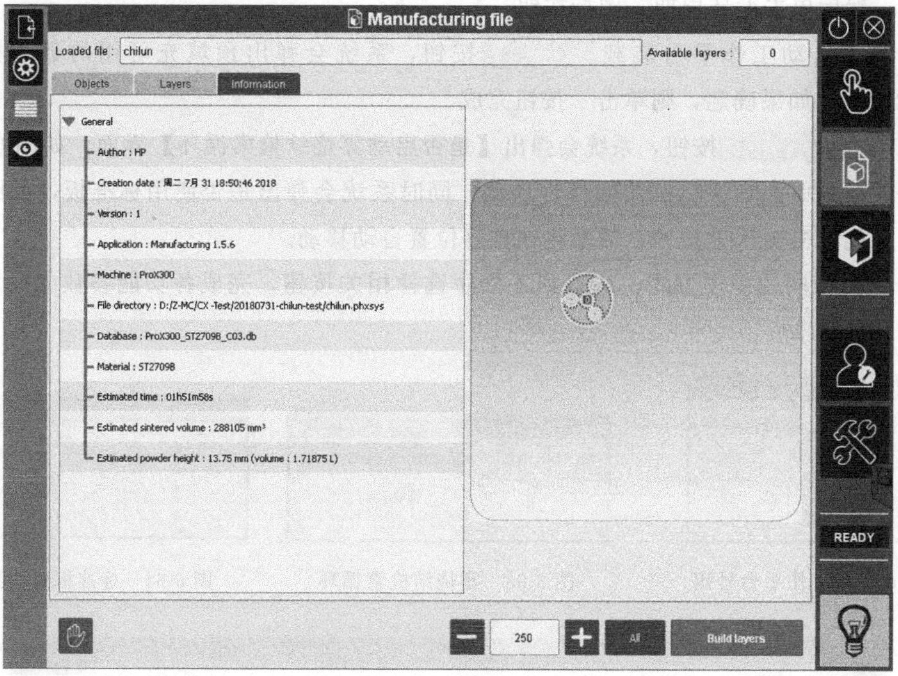

图 6-66　切片信息窗口

步骤 11：打印产品

完成前面的参数设置后，接下就是进行产品的制造。首先在操作面板单击打印图标按钮，系统显示相关打印制造选项，如图 6-67 所示。在此不做任何更改，单击开始打印图标按钮，系统开始打印，打印过程如图 6-68 所示。

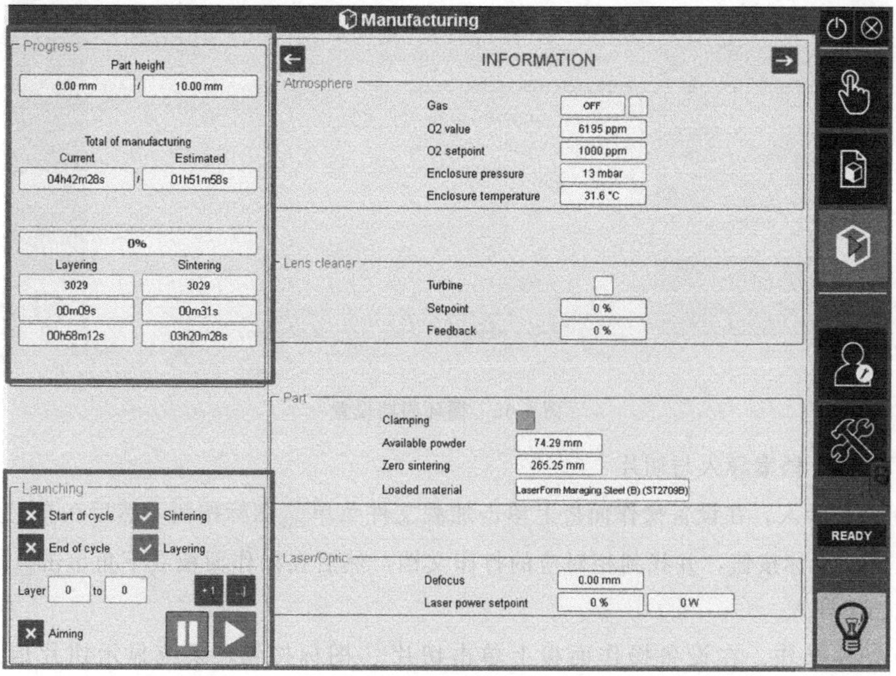

图 6-67　打印相关显示选项

图 6-68 打印设备正在打印产品

步骤 12：后期处理

① 线切割零件。完成零件打印后，打印板与零件烧结在一起，接下来就是将打印板和零件进行分离。具体操作流程如下：首先从设备上拆卸打印板，接着将打印板与烧结零件放进线切割设备（具体操作流程省略），然后进行放电切割，如图 6-69 所示。

图 6-69 线切割打印零件

② 喷砂处理。完成打印板与零件的分离后，可以对零件进行喷砂处理或抛光操作，目的是去除一些打印时留下的毛刺。具体操作流程如下：将零件放入喷砂设备（图 6-70），然后对零件的各个方位进行喷砂处理。喷砂结果如图 6-71 所示。

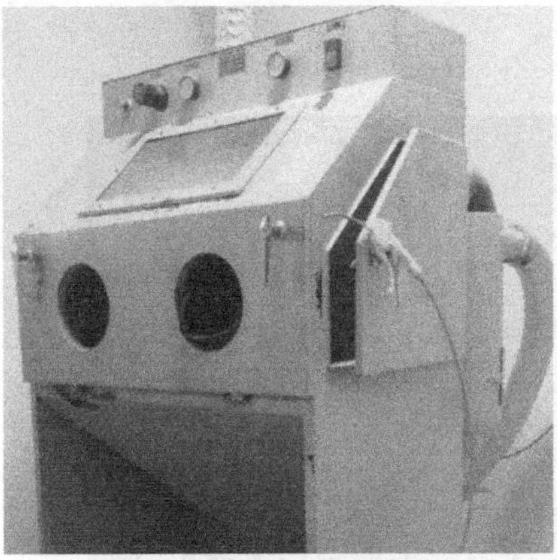

图 6-70 喷砂设备

图 6-71 喷砂结果

参 考 文 献

[1] 王广春，赵国群. 快速成型与快速模具制造技术及其应用. 北京：机械工业出版社，2013.

[2] 刘光富，李爱平. 快速成型与快速制模技术. 上海：同济大学出版社，2004.

[3] 莫健华. 快速成形及快速制模. 北京：电子工业出版社，2006.

[4] 王学让，杨占尧. 快速成形与快速模具制造技术. 北京：清华大学出版社，2006.